对接世界技能大赛技术标准创新系列教材

技工院校一体化课程教学改革电气自动化设备安装与维修专业教材

低压配电设备安装与调试

人力资源社会保障部教材办公室　组织编写

中国劳动社会保障出版社

简介

本套教材为对接世赛标准深化一体化专业课程改革电气自动化设备安装与维修专业教材，对接世赛电气装置等项目，学习目标融入世赛要求，学习内容对接世赛技能标准，考核评价方法参考世赛评分方案，并设置了世赛知识栏目。

本书主要内容包括：移动式配电箱安装与调试、挂壁式配电箱安装与调试、落地式配电柜安装与调试。

图书在版编目（CIP）数据

低压配电设备安装与调试 / 人力资源社会保障部教材办公室组织编写 . -- 北京：中国劳动社会保障出版社，2021

对接世界技能大赛技术标准创新系列教材　技工院校一体化课程教学改革电气自动化设备安装与维修专业教材

ISBN 978-7-5167-5007-0

Ⅰ. ①低…　Ⅱ . ①人…　Ⅲ. ①低压配电 – 配电装置 – 安装 – 技工学校 – 教材②低压配电 – 配电装置 – 调试方法 – 技工学校 – 教材　Ⅳ. ① TM642

中国版本图书馆 CIP 数据核字（2021）第 213083 号

中国劳动社会保障出版社出版发行

（北京市惠新东街 1 号　邮政编码：100029）

*

北京市白帆印务有限公司印刷装订　　新华书店经销

880 毫米 ×1230 毫米　16 开本　9.5 印张　218 千字

2021 年 11 月第 1 版　　2025 年 11 月第 8 次印刷

定价：23.00 元

营销中心电话：400-606-6496

出版社网址：http://www.class.com.cn

http://jg.class.com.cn

对接世界技能大赛技术标准创新系列教材

编审委员会

主　任：刘　康

副主任：张　斌　王晓君　刘新昌　冯　政

委　员：王　飞　翟　涛　杨　奕　张　伟　赵庆鹏　姜华平

杜庚星　王鸿飞

电气自动化设备安装与维修专业课程改革工作小组

课 改 校：江苏省盐城技师学院　江苏省常州技师学院

黑龙江技师学院　承德技师学院　江西技师学院

青岛市技师学院　开封技师学院　衡阳技师学院

珠海市技师学院

技术指导：雷云涛

编　　辑：范贻潘

本书编审人员

主　　编：刘　涛

副 主 编：朱　曦

参　　编：高　扬　朱明昊　肖振华　舒　展　黄丽萍　林乐成

审　　稿：李建军

序

世界技能大赛由世界技能组织每两年举办一届，是迄今全球地位最高、规模最大、影响力最广的职业技能竞赛，被誉为“世界技能奥林匹克”。我国于2010年加入世界技能组织，先后参加了五届世界技能大赛，累计取得36金、29银、20铜和58个优胜奖的优异成绩。第46届世界技能大赛将在我国上海举办。2019年9月，习近平总书记对我国选手在第45届世界技能大赛上取得佳绩作出重要指示，并强调，劳动者素质对一个国家、一个民族发展至关重要。技术工人队伍是支撑中国制造、中国创造的重要基础，对推动经济高质量发展具有重要作用。要健全技能人才培养、使用、评价、激励制度，大力发展技工教育，大规模开展职业技能培训，加快培养大批高素质劳动者和技术技能人才。要在全社会弘扬精益求精的工匠精神，激励广大青年走技能成才、技能报国之路。

为充分借鉴世界技能大赛先进理念、技术标准和评价体系，突出“高、精、尖、缺”导向，促进技工教育与世界先进标准接轨，完善我国技能人才培养模式，全面提升技能人才培养质量，人力资源社会保障部于2019年4月启动了世界技能大赛成果转化工作。根据成果转化工作方案，成立了由世界技能大赛中国集训基地、一体化课改学校，以及竞赛项目中国技术指导专家、企业专家、出版集团资深编辑组成的对接世界技能大赛技术标准深化专业课程改革工作小组，按照创新开发新专业、升级改造传统专业、深化一体化专业课程改革三种对接转化原则，以专业培养目标对接职业描述、专业课程对接世界技能标准、课程考核与评价对接评分方案等多种操作模式和路径，同时融入健康与安全、绿色与环保及可持续发展理念，开发与世界技能大赛项目对接的专业人才培养方案、教材及配套教学资源。首批对接 19 个世界技能大赛项目共 12 个专业的成果将于 2020—2021 年陆续出版，主要用于技工院校日常专业教学工作中，充分发挥世界技能大赛成果转化对技工院校技能人才的引领示范作用。在总结经验及调研的基础上选择新的对接项目，陆续启动第二批等世界技能大赛成果转化工作。

希望全国技工院校将对接世界技能大赛技术标准创新系列教材，作为深化专业课程建设、创新人才培养模式、提高人才培养质量的重要抓手，进一步推动教学改革，坚持高端引领，促进内涵发展，提升办学质量，为加快培养高水平的技能人才作出新的更大贡献！

2020年11月

电气自动化设备安装与维修专业一体化教学参考书目录（中级阶段）

序号	书名
1	电工基础（第六版）
2	电子技术基础（第六版）
3	机械与电气识图（第四版）
4	机械知识（第六版）
5	电工仪表与测量（第六版）
6	电机与变压器（第六版）
7	安全用电（第六版）
8	电工材料（第五版）
9	电力拖动控制线路与技能训练（第六版）
10	企业供电系统及运行（第六版）
11	电工技能训练（第六版）
12	电子电路基本技能训练

扫描右侧二维码
可查看本书配套数字资源

学习任务一　移动式配电箱安装与调试

学习目标

1. 能根据工作任务联系单，明确工时、工作内容等要求。

2. 能正确叙述三相交流电的概念及其实际应用，识读电路图，并通过勘察施工现场，准确描述现场特征，取得必要的资料、数据。

3. 能正确识别低压断路器、漏电断路器、导线、汇流排、接线端子、低压绝缘子等电气元件和导轨、绑扎带等电工材料，以及常用安全标志，了解其选择方法与安装使用方法。

4. 能根据勘察现场的结果和任务要求，完善施工设计，绘制相关图纸，选择电气元件、电工工具和电工材料，制订工作计划。

5. 能按规程应用必要的安全隔离措施和安全标志，准备现场工作环境。

6. 能根据任务需要，使用金属切割机、手电钻、丝锥、压线钳等工具设备，完成元件和材料的检查、加工及安装等工作。

7. 能按照图纸要求、配电箱电气安装规范工艺要求、世界技能大赛电气安装技术标准和场地情况，运用线路明敷、捆扎布线等工艺，完成施工任务。

8. 施工后，在通电之前，能正确使用仪表检查电气装置，包括绝缘电阻检查、接地连续性检查、极性检查和目测检查，并排除相应故障。

9. 能按相关技术指标要求，通电检查所安装设备的全部功能，以确保装置的正确运行。

10. 能在作业过程中严格执行企业操作规范、安全生产制度、环保管理制度以及6S管理规定，严格遵守从业人员的职业道德，具有吃苦耐劳、爱岗敬业的工作态度，精益求精的质量管控意识和职业责任感。

11. 作业完毕后，能按车间现场6S管理和产品工艺流程的要求，清点、整理工具，收集剩余材料，清理工程垃圾，拆除防护措施，整理现场。

12. 施工项目验收后，能以小组形式，积极主动地展示和汇报工作成果，完成对学习过程的综合评价。

建议学时

60 学时

工作情境描述

某建筑工地新增一台升降机，需安装一台用于临时供电的移动式配电箱，工程部向电工班下达配电箱安装任务，工期为 8 h，任务完成后交工程部验收。

工作流程与活动

1．明确任务和勘察现场

2．施工前的准备

3．现场施工

4．工作总结与评价

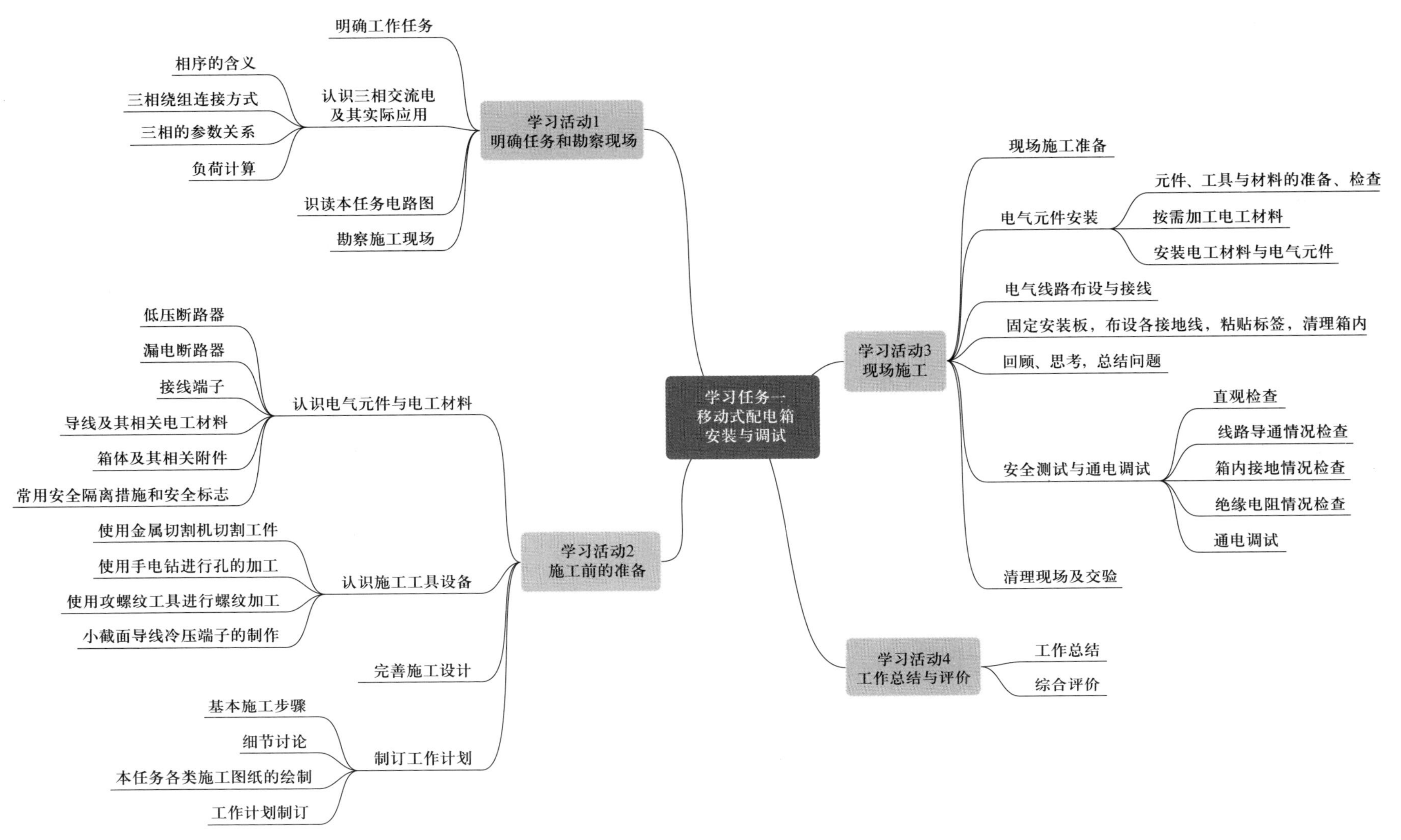
学习任务一
移动式配电箱
安装与调试
学习活动1
明确任务和勘察现场
明确工作任务
认识三相交流电
及其实际应用
相序的含义
三相绕组连接方式
三相的参数关系
负荷计算
识读本任务电路图
勘察施工现场
学习活动2
施工前的准备
认识电气元件与电工材料
低压断路器
漏电断路器
接线端子
导线及其相关电工材料
箱体及其相关附件
常用安全隔离措施和安全标志
认识施工工具设备
使用金属切割机切割工件
使用手电钻进行孔的加工
使用攻螺纹工具进行螺纹加工
小截面导线冷压端子的制作
完善施工设计
制订工作计划
基本施工步骤
细节讨论
本任务各类施工图纸的绘制
工作计划制订
学习活动3
现场施工
现场施工准备
电气元件安装
元件、工具与材料的准备、检查
按需加工电工材料
安装电工材料与电气元件
电气线路布设与接线
固定安装板，布设各接地线，粘贴标签，清理箱内
回顾、思考，总结问题
安全测试与通电调试
直观检查
线路导通情况检查
箱内接地情况检查
绝缘电阻情况检查
通电调试
清理现场及交验
学习活动4
工作总结与评价
工作总结
综合评价

学习活动 1　明确任务和勘察现场

学习目标

1. 能根据工作任务联系单，明确工时、工作内容等要求。

2. 能正确叙述三相交流电的概念及其实际应用，识读电路图。

3. 能勘察施工现场，准确描述现场特征，取得必要的资料、数据。

建议学时：18 学时

学习过程

一、明确工作任务

阅读工作任务联系单（表 1–1–1），以小组为单位讨论其内容，提炼主要信息，完成后面的内容。

表 1–1–1　　　　　　　　　工作任务联系单　　　　　　　　　编号：

工作任务	移动式配电箱安装与调试		
工作任务详情	为在建的 2# 厂房施工现场新增升降机安装临时供电的移动式配电箱		
任务工期	8 h	验收单位	工程部
承接单位	电工班	施工负责人	
施工人员			
任务开工时间		任务完工时间	
验收意见			
施工负责人签字		验收负责人签字	

1．该项工作的主要内容是＿＿＿＿＿＿＿＿＿＿＿＿＿＿＿＿＿＿。

2．该项工作所需安装的设备，其应用地点的性质是＿＿＿＿＿＿＿＿。

3．该项工作的任务工期是__________。

4．该项工作交给你和同组人，你们的角色单位是________。

5．该项工作完成后，应交给__________进行验收。

二、认识三相交流电及其实际应用

1．与普通照明用电不同，电力系统中的动力用电通常使用三相交流电源。由三相发电机产生的三个交流电动势达到最大值的先后顺序称为相序，有正序、负序之分。为便于工作，一般用导体色标来区分交流电动势的相位。

（1）查阅相关资料，简要描述什么是三相交流电。

（2）写出正序时的三个正弦交流电动势达到最大值的顺序，以及分别用什么颜色的导体色标来标记各相。

2．三相绕组一般按两种方式连接起来供电或受电，即星形和三角形。三相星形绕组末端连接成的点称为中性点，其引出线称为中性线。从安全用电的角度出发，中性点一般选择接地，并称为零点。

（1）查阅相关资料，简述三相星形电源系统中的电源侧中性线的作用。

（2）描述在三相四线制（TN–C）系统和三相五线制（TN–S）系统中，零点引出线的具体名称和与负载的连接方法。

3．由于在三相系统中，测量相电压与相电流比较困难，而测量线电压与线电流相对简单，所以三相功率的计算常用线电压、线电流来表示。

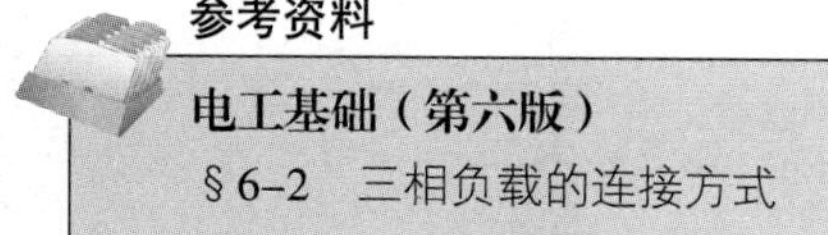

参考资料

电工基础（第六版）

§6–2　三相负载的连接方式

（1）写出在三相星形电源系统中线电压与相电压之间、线电流与相电流之间的关系。

（2）写出三相有功功率与线电压、线电流间的计算公式。

4. 准确地确定电力负荷的大小是设计供配电系统的基础，电力负荷的估算称为负荷计算。查阅相关资料，学习电力负荷工作制、设备容量、负荷持续率、计算负荷、需要系数法等相关知识，回答以下问题。

参考资料

企业供电系统及运行（第六版）

§3–5　电力负荷及其计算

（1）简述电力负荷估算过高或过低会导致的问题。

（2）写出三种不同的工作制，并用实际电气设备举例说明。

（3）什么是设备容量和负荷持续率?

（4）写出电焊设备和起重设备的设备容量计算公式。

（5）什么是需要系数法?

（6）写出单组用电设备 P_{30} 的计算方法。

（7）写出单组用电设备 I_{30} 的计算方法。

（8）写出设备数量仅为 1 台或 2 台时需要系数法的用法。

三、识读本任务电路图

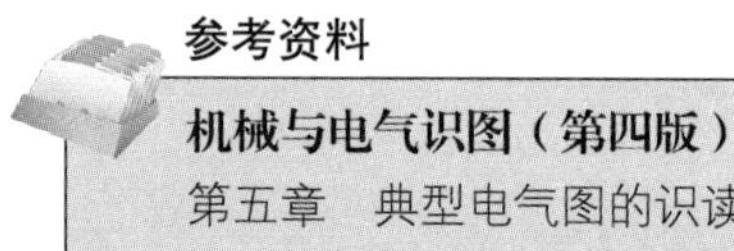

参考资料

机械与电气识图（第四版）

第五章　典型电气图的识读

电路图包含很多种类，配电箱（柜）的设计与施工一般涉及电气原理图、元件布置图、安装接线图、外形图等。电气原理图用来表明成套电气装置的工作原理、各电气元件的作用与相互关系，元件布置图用来表明成套电气装置内所有电气元件的实际位置，安装接线图用来表明成套电气装置内各电气元件间的接线方式。本任务的电气原理图如图 1–1–1 所示，使用的移动式配电箱箱体外观如图 1–1–2 所示。

元件布置图又可分为箱（柜）内元件布置图和箱（柜）门元件布置图，安装接线图也分为一次安装接线图、二次安装接线图、接线端子图等。箱（柜）内元件布置图的绘制样例如图 1–1–3 所示，箱（柜）内一次安装接线图的绘制样例如图 1–1–4 所示。

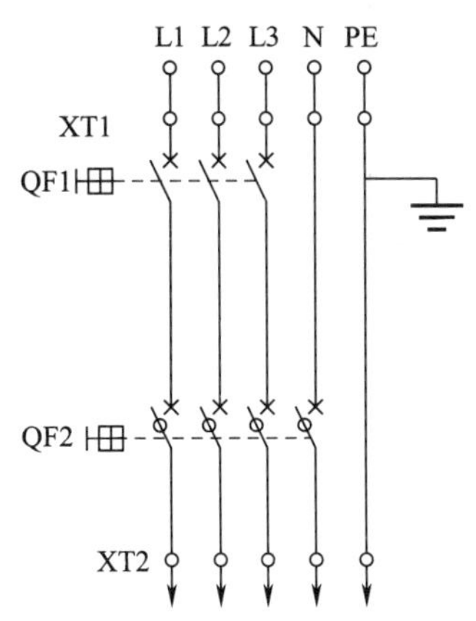

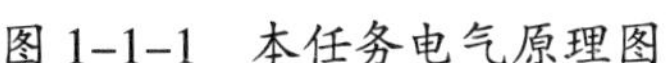

图 1-1-1　本任务电气原理图

图 1-1-2　本任务使用的移动式配电箱的箱体外观

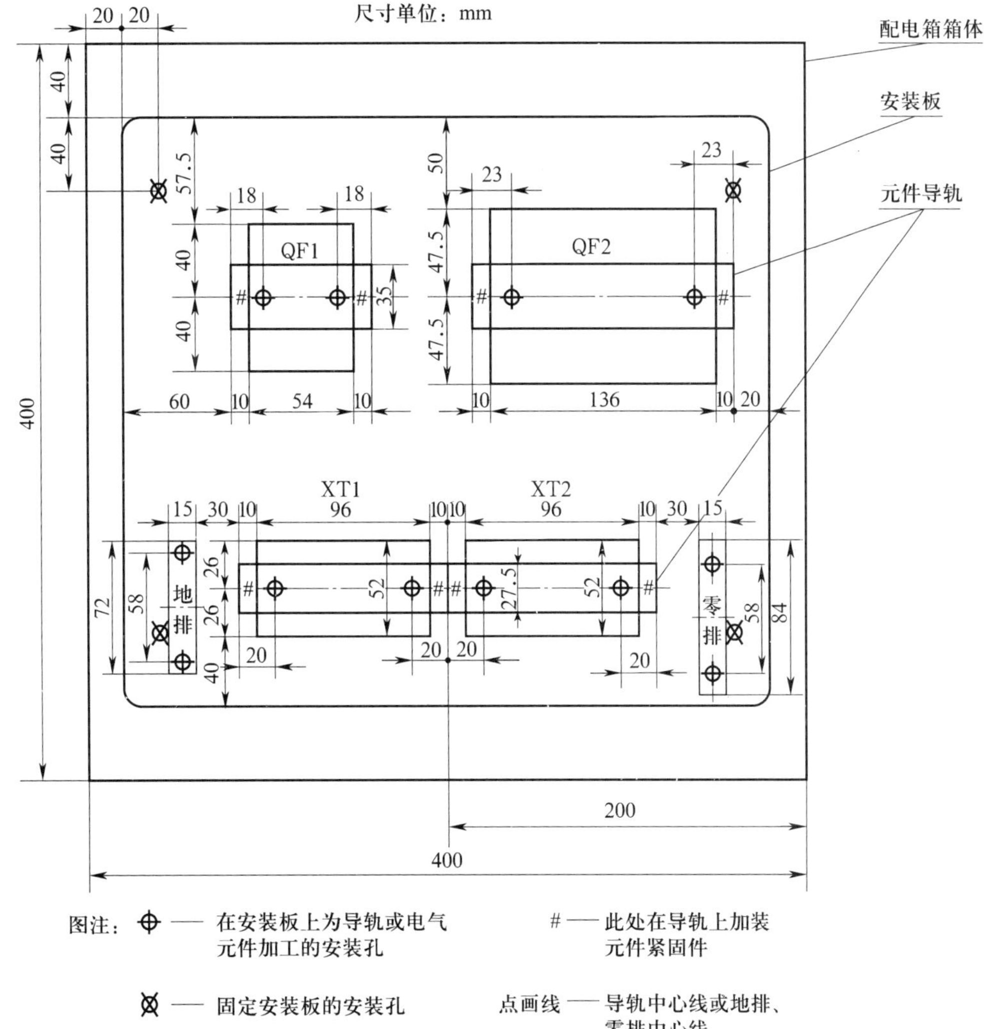

图 1-1-3　箱（柜）内元件布置图的绘制样例

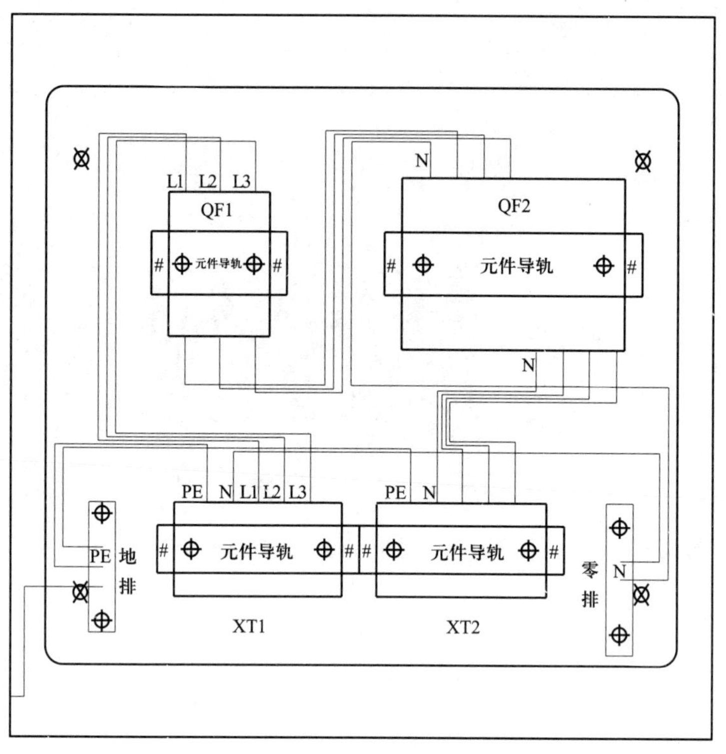

图 1–1–4 箱（柜）内一次安装接线图的绘制样例

1．识读本任务各电路图，查阅相关资料，补全表 1–1–2 的内容。

表 1–1–2　　　　元件文字符号和图形符号

元件名称	文字符号	图形符号	元件名称	文字符号	图形符号
断路器（三相三极，国标简图）			漏电断路器（三相四极，国标简图）		
断路器（三相三极，国标详图）			漏电断路器（三相四极，国标详图）		
交流系统电源第一相		/	交流系统电源第二相		/
交流系统电源第三相		/	交流系统设备端第一相		/
交流系统设备端第二相		/	交流系统设备端第三相		/
通用接地标记			保护接地标记		
中性线（工作零线）		/	接线端子		/

2．电路图中，所有电气设备都处于“正常状态”，也称为“冷态”。查阅相关资料，解释什么是“正常状态”。

3．按照《施工现场临时用电安全技术规范》（JGJ 46—2005）的规定，施工现场的临时用电应采用三级配电系统，包括总配电箱、支路配电箱和设备开关箱；配电箱的电器应具备电源隔离，正常接通与分断电路，以及短路、过载、漏电保护功能；每台用电设备必须有各自专用的设备开关箱，设备开关箱必须设置漏电保护器或漏电断路器；施工现场的临时用电应采用二级漏电保护系统。这在施工现场临时用电中称为“三级配电、一机一闸、二级漏保、一漏一箱”。

（1）观察、分析本任务要求及电路图，写出本任务配电箱的所属层级。

（2）查阅相关资料，说明为什么本任务所涉及移动式配电箱必须设置在支架上，并说明其支架的高度要求。

（3）查阅相关资料，说明为什么一般将出线开关设置为漏电断路器，而不是将进线开关设置为漏电断路器。

（4）配电箱的进出线电缆从何位置进入箱体，将在一定程度上影响箱内电气设备的布置方式和线路施工的难度，一般由任务需求决定。在本任务中，通过观察电气原理图和勘察施工现场，结合本任务的特点，你认为作为施工现场临时用电的移动式配电箱进出线电缆从何位置进入箱体更符合实际需求?

4．按照《施工现场临时用电安全技术规范》（JGJ 46—2005）的规定，在施工现场由专用变压器供电的TN-S接零保护系统中，工作零线（N线）必须通过开关和漏电保护器；电气设备的金属外壳、电气设备不带电的外露可导电部分、配电柜与控制柜的金属安装板、金属箱体、框架和门必须与PE线连接，PE线上严禁装设开关或熔断器，严禁通过工作电流且严禁断线；通过漏电保护器的工作零线与PE线之间不得再进行电气连接，PE线应单独敷设；配电箱的电器安装板上必须分设N线端子板和PE线端子板，N线端子板必须与金属电器安装板绝缘，PE线端子板必须与金属电器安装板进行电气连接；进出线中的N线和PE线必须通过各端子板连接。

（1）查阅相关资料，写出N线与PE线的导体色标。

（2）查阅相关资料，说明通过漏电保护器的工作零线与PE线之间为什么不得再进行电气连接?

四、勘察施工现场

施工前，在对工作任务和图纸了解清楚后，还应到任务现场进行实地勘察，核对任务要求与图纸，记录相关技术参数，为后面开展施工做好准备。

1．仔细观察从任务布置单位了解到的本任务所带负荷的详细电气参数，如图 1–1–5 所示，找出本任务所带负荷的额定功率、额定负荷持续率、设备效率和功率因数等参数。

参数名称		单位	型号
			SC100
额定载重量		kg	1000
乘客人数		人	12
额定起升速度		m/min	35
最大架设高度		m	150
电动机	额定功率	kW	2×11（JC25%单笼）
	制动力矩	N・m	2×120
	效率	/	0.87
	功率因数	/	0.85
对重质量		kg	无
吊杆额定起重量		kg	180
吊笼质量		kg	1300
吊笼净空尺寸		m×m×m	3.2×1.5×2.5（$L\times W\times H$）
标准节长度		m	1.508
标准节截面尺寸		m×m	0.65×0.65
标准节质量		kg	120
导轨架最大自由端高度		m	7.5

图 1–1–5　本任务所带负荷的详细电气参数

2．查阅相关资料，学习负荷计算的相关知识，进行本任务所带负荷的计算。

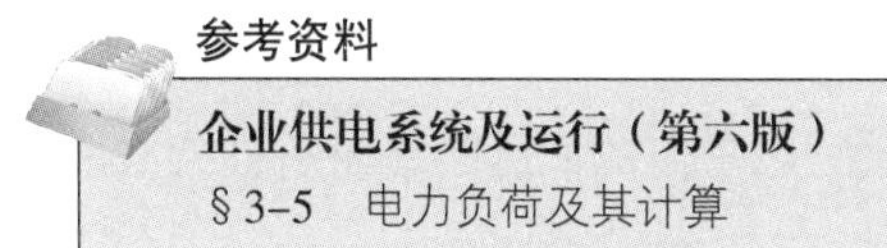

学习活动2　施工前的准备

学习目标

1. 能正确识别低压断路器、漏电断路器、导线、汇流排、接线端子、低压绝缘子等电气元件，导轨、绑扎带等电工材料以及常用安全标志，了解其选择方法与安装使用方法。

2. 能正确使用金属切割机、手电钻、丝锥、压线钳等工具设备完成材料的加工。

3. 能根据勘察现场的结果和任务要求，完善施工设计，绘制相关图纸，选择电气元件、电工工具和电工材料，列出工具和材料清单，制订工作计划。

建议学时：20学时

学习过程

一、认识电气元件与电工材料

1．认识低压断路器

供配电常用的低压断路器有框架式断路器和塑料外壳式断路器两类，框架式断路器一般安装在低压主干线上作为低压主开关，塑料外壳式断路器通常在电路支线上用作分支开关，或用于电路末端作为终端开关。

参考资料

电力拖动控制线路与技能训练（第六版）
第一单元课题3　低压开关

低压塑料外壳式断路器的类型较多，国产设备型号均以DZ命名，一般按壳架种类分为DZ47和DZ20两种。DZ47型，简称“微型断路器”，一般主要用于额定电流小于63 A的电气线路中，如图1–2–1所示。“塑壳断路器”一般指DZ20型，主要用于额定电流小于1 250 A的电气线路中，如图1–2–2所示。在线路额定电流小于100 A的场合，塑壳断路器和微型断路器相比，只是分断能力更高一些。

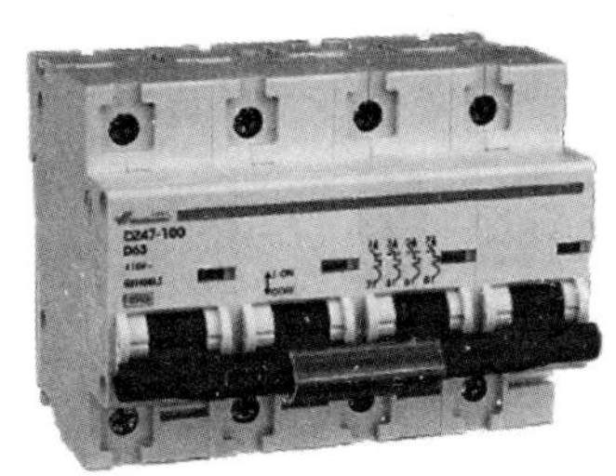

图 1-2-1　DZ47 型微型断路器

图 1-2-2　DZ20 型塑壳断路器

（1）查阅相关资料，学习断路器型号命名的相关知识，解释以下型号中数字和字母的含义。

1）DZ47-63/4-D40：

2）DZ20Y-100/3300-80：

（2）按照《施工现场临时用电安全技术规范》（JGJ 46—2005）的规定，开关箱中断路器的极数和线数必须与其负荷侧负荷的相数和线数一致。DZ20 和 DZ47 按极数不同，均有 1P、1P+N、2P、3P、3P+N、4P 等多种类型，查阅相关资料，说明“P”和“+N”的含义与区别。

（3）低压塑料外壳式断路器一般依靠脱扣器完成电路异常情况下的自动跳闸。查阅相关资料，写出常用脱扣器的工作方式。

（4）按照《施工现场临时用电安全技术规范》（JGJ 46—2005）的规定，开关箱必须装设隔离开关、断路器或熔断器，以及漏电保护器；隔离开关应采用分断时具有可见分断点、能同时断开电源所有极的隔离电器，并应设置于电源进线端；当断路器具有可见分断点时，可不另设隔离开关。根据以上规定，说明为什么本任务不使用隔离开关。

2．认识漏电断路器

（1）在低压配电系统中，为更好地保护人身、财产安全，消除安全隐患，一般在配电系统用户端加设漏电保护器。查阅相关资料，简述电流型漏电保护器的工作原理。

（2）按照《施工现场临时用电安全技术规范》（JGJ 46—2005）的规定，开关箱中，当安装了同时具有短路、过载、漏电保护功能的漏电断路器时，可不装设断路器。图 1-2-3 所示为 DZ47LE 系列漏电断路器。查阅相关资料，简述零序电流互感器在漏电断路器中所起的作用。

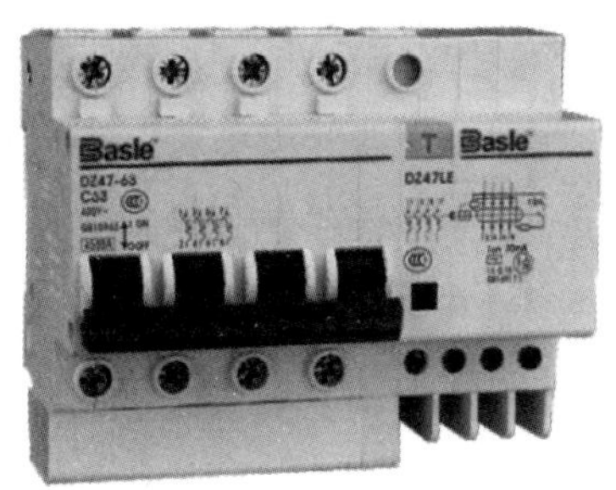

图 1-2-3　DZ47LE 系列漏电断路器

（3）以 DZ20L 和 DZ47LE 为例，查阅相关资料，解释漏电断路器型号中 L 和 LE 的含义。

（4）按照《施工现场临时用电安全技术规范》（JGJ 46—2005）的规定，配电箱、开关箱中的漏电保护器宜选用电磁式产品或电子式产品。查阅相关资料，说明电子式和电磁式的漏电保护器哪种性能更优异。

3．认识接线端子

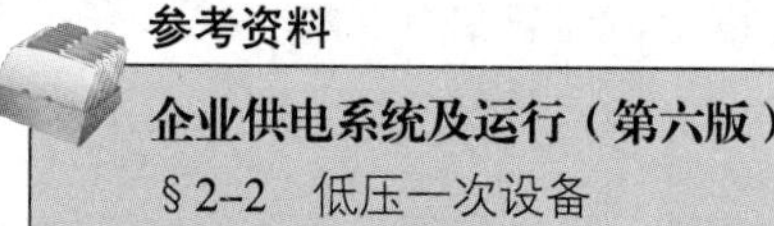
参考资料

企业供电系统及运行（第六版）

§ 2-2　低压一次设备

按照《低压配电设计规范》（GB 50054—2011）的规定，配电箱（柜）外元件与配电箱（柜）内进行电气连接时，必须通过接线端子、汇流排或电缆接插件构成电气连接。接线端子是帮助实现方便、安全、可靠、有效电气连接的电气元件，形式多样，一般以载流能力来区分。图 1-2-4 中所示为不同载流能力下，配电箱（柜）最常用的接线端子，查阅相关资料，找出这三种接线端子的具体型号。

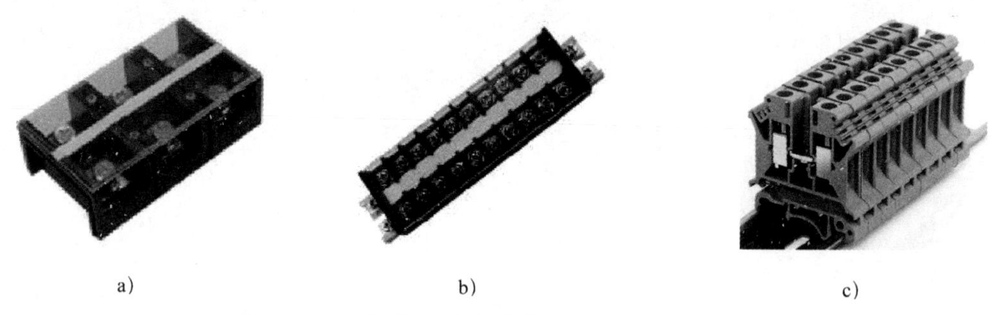

a)　　b)　　c)

图 1-2-4　各种不同电流等级适用的接线端子

a）大电流用接线端子　b）中等电流用接线端子　c）小电流用接线端子

4．认识导线及其相关电工材料

（1）认识导线

参考资料

企业供电系统及运行（第六版）

§ 5-5　电力线路导线截面的选择

查阅相关资料，学习导线的相关知识，回答以下问题。

1）写出 BV、BVR 绝缘导线的含义。

2）列举常用绝缘导线的截面积。

3）什么是导线的允许载流量?

4）简述按“发热条件”选择低压导线截面的基本方法。

5）写出《低压配电设计规范》（GB 50054—2011）中规定的配电箱绝缘导线的最小截面积，单回路时进入断路器和漏电断路器的绝缘导线的最小截面积，以及配电箱接地线的最小截面积。

（2）认识汇流排

在低压配电线路中，经常会设置一些矩形截面的线状金属导体以代替导线，称为汇流排。查阅相关资料，学习汇流排的相关知识，回答以下问题。

1）写出汇流排的功能及使用场合。

2）写出图 1–2–5 所示两种汇流排的使用场合。

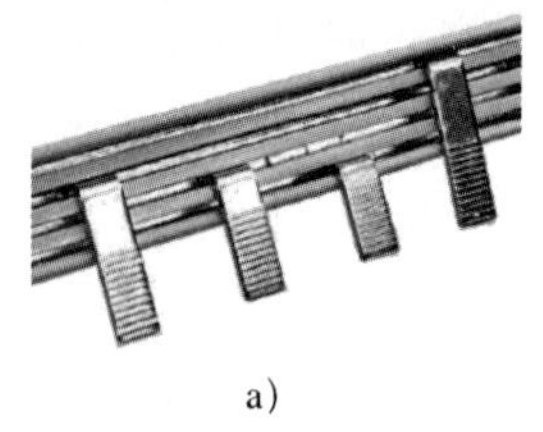

a)

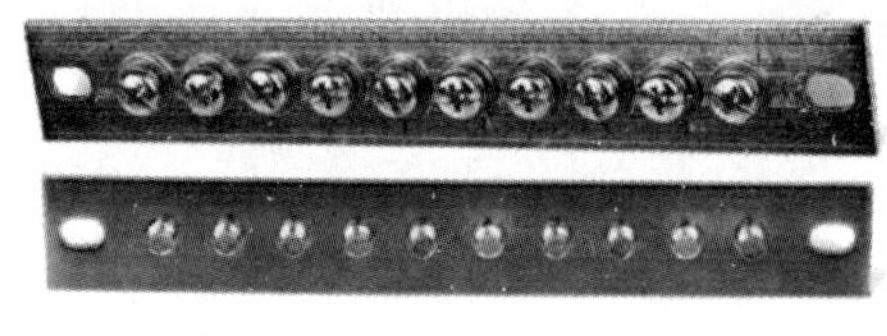

b)

图 1–2–5　汇流排

（3）认识箱门跨接接地线

按照《施工现场临时用电安全技术规范》（JGJ 46—2005）的规定，金属箱门与金属箱体间的箱门跨接接地线必须通过编织软铜线进行电气连接。通过图 1–2–6 所示编织软铜线与箱门跨接接地线施工案例，查阅相关资料，说明连接箱门跨接接地线的目的。

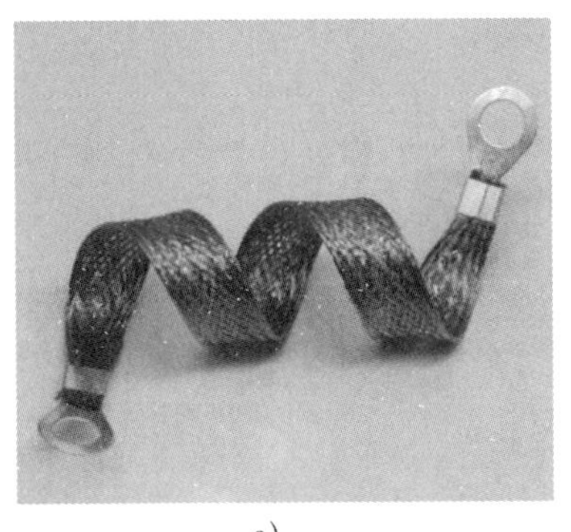
a）

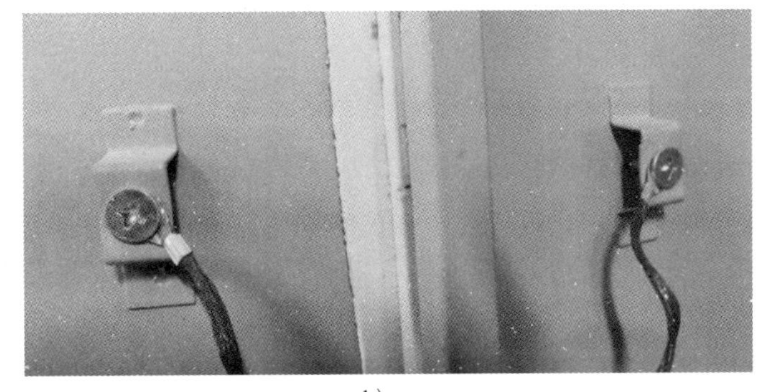
b）

图 1-2-6　编织软铜线与箱门跨接接地线施工案例
a）编织软铜线　b）箱门跨接接地线的施工案例

（4）认识冷压端子

按照《低压配电设计规范》（GB 50054—2011）的规定，多股芯线线端必须使用材质合格的冷压端子；截面积为 10 mm² 以上的单股芯线不可以直接与电气设备连接，必须采用冷压端子。各类冷压端子如图 1-2-7 所示。查阅相关资料，学习冷压端子的相关知识，回答以下问题。

1）写出冷压端子的作用。

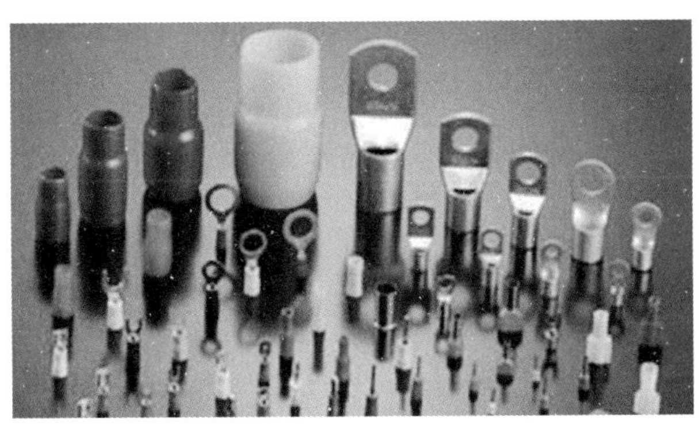
图 1-2-7　各类冷压端子

2）列举常用的冷压端子的端头类型。

（5）认识低压绝缘子

按照《施工现场临时用电安全技术规范》（JGJ 46—2005）的规定，配电箱的电器安装板上必须分设N线端子板和PE线端子板，N线端子板必须与金属电器安装板间绝缘。根据图1-2-8所示低压绝缘子实物，查阅相关资料，描述其安装方式。

图 1-2-8　低压绝缘子

（6）认识绑扎带

在低压电气线路布设中，绑扎带是用来捆扎、固定导线的材料，一般使用尼龙绑扎带。绑扎带类型多种多样，查阅相关资料，学习绑扎带的相关知识，回答以下问题。

1）写出自锁式绑扎带的基本特点。

2）绑扎带在使用时一定要分清正反面，写出分辨绑扎带正反面及绑扎带使用的方法。

3）写出 4×150 尼龙绑扎带型号的含义。

4）在布设低压导线时，可利用自粘式绑扎带固定座与绑扎带配合来固定导线的位置。简述不适合自粘式绑扎带固定座使用的面板环境。

（7）认识导轨

为了安装方便，通常在安装板上先安装导轨，再在导轨上安装电气元件。不同型号导轨外形上有一定区别，如图 1-2-9 所示。安装在导轨上的电气设备两侧应加装固定件，如图 1-2-10 所示。

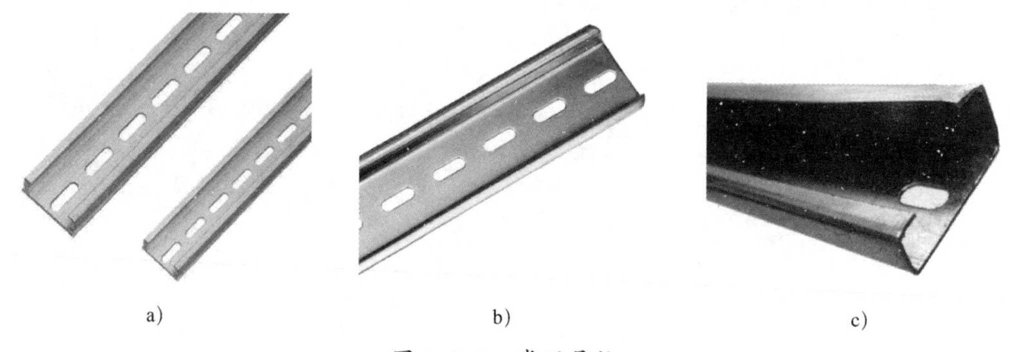

a)　　b)　　c)

图 1-2-9　常用导轨

a）C25 型导轨　b）C45 型导轨　c）G 型高低导轨

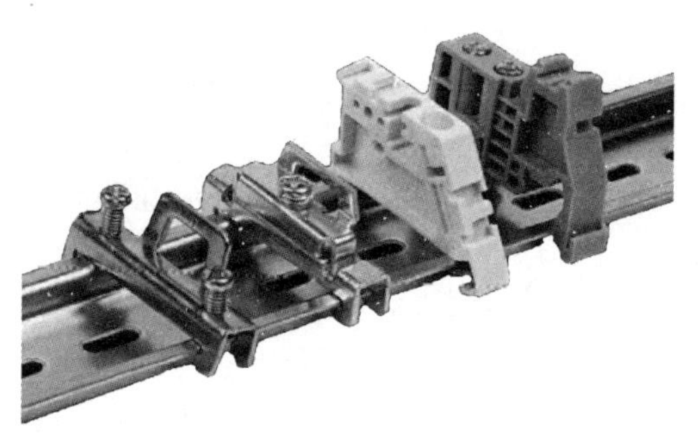

图 1-2-10　在导轨上安装的各类固定件

查阅相关资料，学习导轨的相关知识，回答以下问题。

1）写出 DZ47 型微型断路器常用的导轨型号。

2）写出图 1-2-4 中的中等电流用接线端子常用的导轨型号。

5．认识箱体及其相关附件

配电设备的安装，一般根据装配体的大小来选择设备外壳，落地的称为柜，挂墙的称为箱。《施工现场临时用电安全技术规范》（JGJ 46—2005）中要求，施工用移动式配电箱、开关箱应装设在坚固、稳定的支架上；配电箱、开关箱内的电器（含插座）应先安装在金属或非木质阻燃绝缘安装板上，然后方可整体紧固在配电箱、开关箱箱体内，且箱体必须加装门锁。

参考资料

电工技能训练（第六版）

第三单元课题三任务二　低压开关柜的安装

（1）通过观察安装接线图，指出本任务选用的安装板是金属安装板还是绝缘安装板。

（2）查阅相关资料，写出配电箱内安装板的厚度要求。

（3）图 1-2-11 中所示为各类配电箱（柜）门锁，如工程部建议本任务采用图中左起第三种类型门锁，查阅相关资料，写出其具体型号。

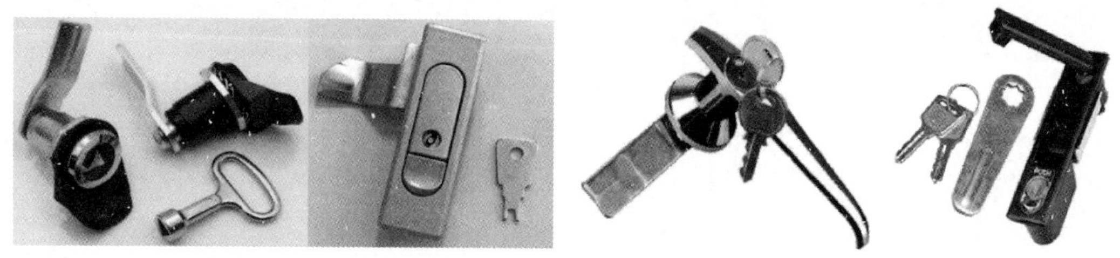

图 1-2-11　各类配电箱（柜）门锁

（4）《施工现场临时用电安全技术规范》（JGJ 46—2005）中要求，导线需穿越金属板孔或金属结构件时，应在穿越部分的过孔上套过孔保护圈，过孔保护圈一般为橡胶或塑料制品，如图 1-2-12 所示。查阅相关资料，写出配电箱（柜）过孔保护圈的作用。

图 1-2-12　配电箱（柜）过孔保护圈

6．认识常用安全隔离措施和安全标志

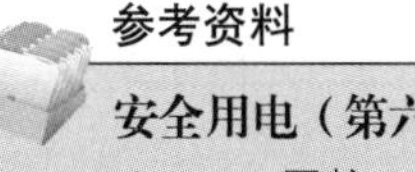

参考资料

安全用电（第六版）
§2-1　屏护、间题及安全标志

在施工现场和供配电设备中，均应设置相应的安全隔离措施和安全标志。安全标志是由安全色、几何图形、图形符号和文字所构成的标志，用于表达特定的安全信息，悬挂或粘贴在电气设备上或施工处，提醒人们对不安全因素加以注意和重视，防止意外事故发生。

查阅相关资料，在表 1-2-1 中填写安全隔离措施和安全标志的作用及设置场所。

表 1-2-1　　安全隔离措施和安全标志的作用及设置场所

示例	名称	作用	设置场所
	安全隔离网		
	警示胶带		
禁止合闸　有人工作	禁止标志		
止步　高压危险	警告标志		
安全出口 EXIT	安全出口 指示灯牌		
必须戴安全帽	指令标志		

续表

示例	名称	作用	设置场所
	接地标记		
N	接零标记		

二、认识施工工具设备

1．学习使用金属切割机切割工件

导轨等电工材料一般使用金属切割机进行切割，如图 1–2–13 所示。查阅金属切割机的相关操作规程，将下列金属切割机使用前注意事项补充完整，并在教师指导下进行操作练习。

图 1–2–13　金属切割机

（1）金属切割机在使用前应进行部件检查和环境检查，所涉及的项目包括：

1）电源电压应与金属切割机__________电压相同；

2）金属切割机电源线应完好，并摆放正确；

3）金属切割机开关应正常，无__________；

4）检查金属切割机周围是否有易燃、易爆物，如有应移除；

5）金属切割机放置应__________、__________；

6）切割片应无破损、无__________；

7）切割片的________________应合理，防止切割片崩裂；

8）切割片护罩或安全挡板应安装牢固；

9）操作区域应有足够照明。

（2）为什么不能戴手套使用金属切割机?

（3）在使用金属切割机时，应遵循下列操作注意事项：

1）启动金属切割机运行时，操作者不得将手放在距离切割片________cm 以内的位置；

2）切割时，操作者务必全神贯注，头脑清醒，文明操作；

3）在按下金属切割机把手之前，应观察周围是否有人，严禁任何人站在金属切割机后面，任何人不得______________金属切割机（因为会有大量火花）；

4）在按下金属切割机把手之前，应待电动机达到__________；

5）按下金属切割机把手时，操作者必须偏离割片________面，身体以斜侧________角为宜；

6）按下金属切割机把手力度应_________、速度_________，不得强行用力进行切割操作，否则容易出现卡机、断片等故障；

7）如在切割过程中出现异常响声、设备抖动、卡机、断片，应________________。

（4）查阅相关资料，说明为什么关闭金属切割机开关后，在切割片未停转前，不得去取工件。

2．学习使用手电钻进行孔的加工

手电钻是一种常用的以交流电源或直流电源（电池）为动力的电动钻孔工具，属于手持式电动工具，如图 1–2–14 所示。查阅相关操作规程，了解使用注意事项，并在教师指导下进行操作练习。

参考资料

电工技能训练（第六版）

第一单元课题四任务一　钻孔

图 1–2–14　手电钻

（1）在使用手电钻前应进行检查，包括检查电源线与开关装置是否安全、正常，以及进行＿＿＿＿＿＿调试，确保＿＿＿＿＿＿部分灵活、无异常响声、无松动。

（2）简述手电钻更换钻头的方法。

（3）手电钻在使用时，应遵循下列注意事项：

1）钻孔时，钻头与工件加工表面间应＿＿＿＿＿＿，手电钻不要摇晃；

2）钻孔时，应尽量双手握持手电钻；

3）钻孔时，应先试钻浅坑，检查＿＿＿＿＿是否正确；

4）钻孔时，应均匀加力，不能猛进，以防钻头＿＿＿＿＿＿；

5）钻孔时，应时常退刀清除＿＿＿＿＿＿；

6）手电钻使用中若发现换向器上火花大，手电钻过热，必须立刻＿＿＿＿＿＿＿＿。

3．学习使用攻螺纹工具进行螺纹加工

安装板等已钻孔的材料，在使用前还需攻螺纹，在工作量不大的场合，一般通过手用丝锥和铰杠进行手动攻螺纹操作，如图 1-2-15 和图 1-2-16 所示。查阅相关资料，学习螺纹加工的相关知识，回答以下问题，并在教师指导下进行操作练习。

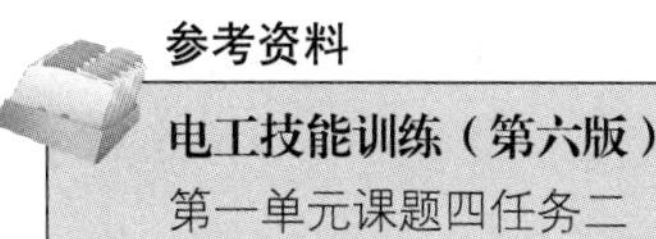

参考资料

电工技能训练（第六版）

第一单元课题四任务二　攻螺纹

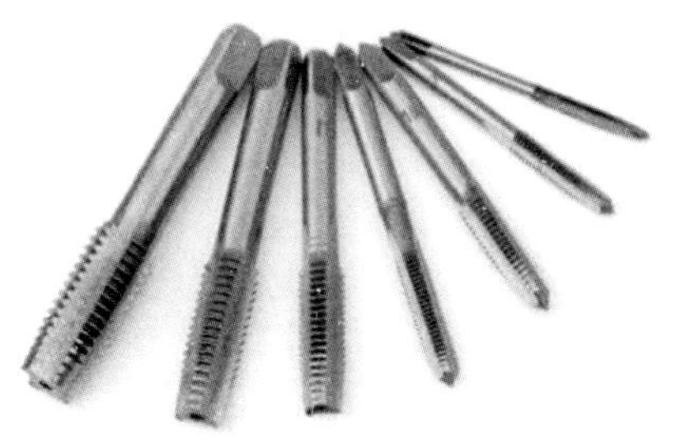

图 1-2-15　手用丝锥

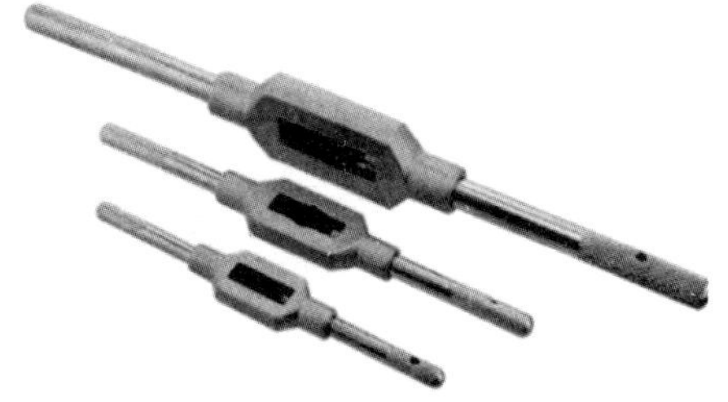

图 1-2-16　铰杠

（1）丝锥是攻螺纹的专用工具，它由工作部分和柄部构成，工作部分沿轴向开有沟槽，柄部会装入铰杠传递扭矩以攻螺纹。查阅相关资料，列举常用丝锥有哪些类型。

（2）对汇流排的通孔进行手动攻螺纹一般选择________丝锥。

（3）M6 以下手用小直径丝锥通常制成三支一套，分别称为头锥、二锥和三锥。查阅相关资料，指出分成三支的原因和三支丝锥在用途上的区别。

（4）攻螺纹时，应遵循以下操作注意事项：

1）当丝锥切入 1 ~ 2 圈时，应目测或用直角尺在两个方向上检查丝锥与孔端面的垂直情况；

2）当丝锥切入 3 ~ 4 圈后，只能扳转铰杠，而不应再对丝锥加________，否则螺纹牙型将被损坏；

3）当丝锥切入 3 ~ 4 圈后，每扳转铰杠________圈，就应倒转约__________圈，使切屑碎断后容易排出，并减少因切削刃粘屑而使丝锥轧住的现象；

4）遇到攻不通的螺孔时，要经常______丝锥，排除孔中的切屑；

5）在攻螺纹后退出时，不能____________，尽量用手旋出，以保证已攻好的螺纹质量不受影响；

6）攻塑性材料的螺孔时，要加润滑冷却液。

4．学习小截面导线冷压端子的制作

小截面导线冷压端子一般使用压线钳（图 1–2–17）压制而成，查阅相关操作规程，在教师指导下进行操作练习。

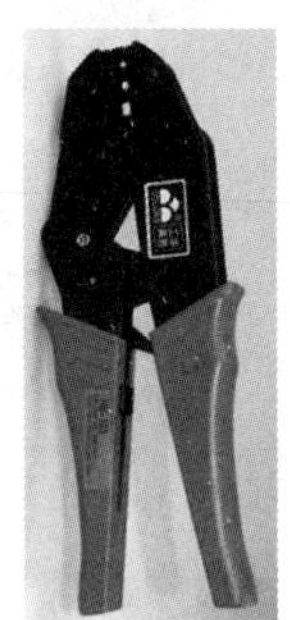

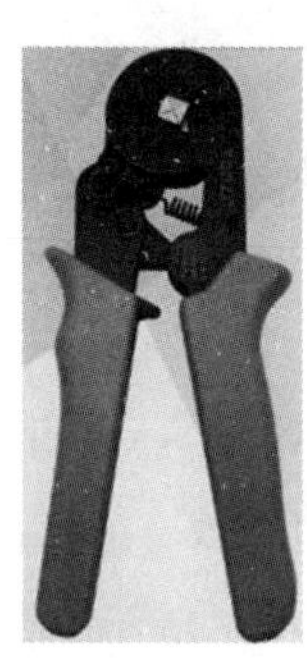

图 1–2–17　各类压线钳

压线钳钳口台面有两个高度，靠外侧的较高，靠内侧的较低。这样设计的原因是什么？

三、完善施工设计

1. 查阅相关资料，简述低压动力线路中相线截面积的选择方法。

参考资料

企业供电系统及运行（第六版）

§5–5　电力线路导线截面的选择

2．查阅相关资料，简述低压动力线路中，中性线截面积的选择方法。

3．依照负荷计算结果和低压动力线路导线截面积的选择方法，试以环境温度 40 ℃为参照，选择本任务所需相线与中性线。

4．按照《施工现场临时用电安全技术规范》（JGJ 46—2005）的规定，PE 线所用材质与相线、工作零线（N 线）相同时，其最小截面应符合对应的规定，配电装置和电动机械相连接的 PE 线应为截面不小于 2.5 mm^2 的绝缘多股铜线。如果选择的导体不是标准尺寸，应靠向标准导线值。查阅相关资料，写出 PE 线所用材质与相线、工作零线（N 线）相同时，PE 线最小截面与相线间关系的要求。

四、制订工作计划

根据施工任务的资料信息，结合已知参数与现场勘察的实际情况，讨论并制订本小组的工作计划，合理选择任务所需的电气元件、电工工具和电工材料，绘制本任务的各类施工图纸，并补填学习活动 1 中工作任务联系单的相关内容。

1．此类任务的基本施工步骤

（1）选择电气元件、材料与工具，并领取、查验、按需加工；

（2）在安装板上敷设导轨，安装各电气元件；

（3）布设线路；

（4）将安装板固定到配电箱内，并布设各接地线；

（5）粘贴标签，并清理箱内；

（6）通电前进行安全测试；

（7）通电调试；

（8）调试完毕后清理现场。

2．细节讨论

明确基本施工步骤后，根据本任务的具体情况，进行小组讨论并确定以下几方面的内容：

（1）人员的基本分工；

（2）本任务的布线形式；

（3）本任务所涉及的电气元件、电工工具和电工材料；

（4）本任务的各类施工图纸；

（5）每个环节所需要用到的工具和材料；

（6）各个环节的用时；

（7）有交叉作业情况时的人员、材料安排；

（8）作业现场安全防护措施。

3. 本任务各类施工图纸的绘制

查阅相关资料，合理选择任务所需的电气元件、电工工具和电工材料后，分别绘制出本任务的元件布置图和安装接线图。

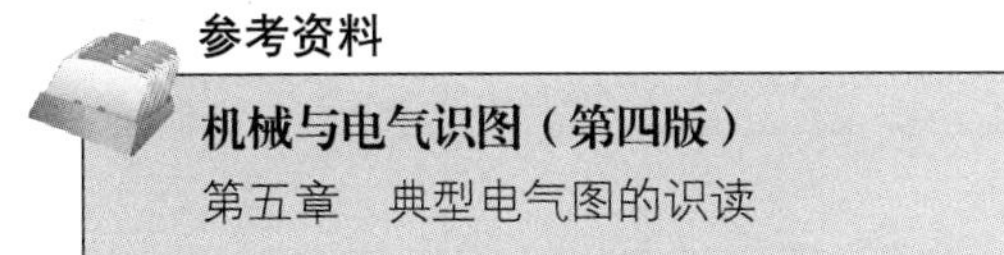

4．工作计划制订

将以上内容的讨论结果进行归纳整理，制订本小组的工作计划。

（1）根据小组讨论确定的施工负责人和小组成员分工，填写表 1-2-2。

表 1-2-2 小组成员分工

姓名	分工

（2）根据小组讨论确定的主要电气元件、电工工具和电工材料，填写表 1-2-3。

表 1-2-3 施工所需主要电气元件、电工工具和电工材料清单

序号	元件、工具或材料名称	型号	单位	数量	备注
1	施工工地用移动式配电箱	400 mm × 400 mm × 150 mm，带点焊螺柱，附可拆卸安装板，带单开箱门，带 MS304-B 箱门门锁	个	1	
2	试验电动机	Y80M2-4，380 V，50 Hz，750 W，1.57 A，1 390 r/min	个	1	

续表

序号	元件、工具或材料名称	型号	单位	数量	备注

（3）根据小组讨论确定的各个环节的用时，制定具体施工工序及完成的时间点，填写表 1-2-4。

表 1-2-4　　工序及工期安排

序号	工作内容	完成时间	备注

（4）根据小组讨论确定的结果，制定作业现场安全防护措施。

学习活动3 现 场 施 工

学习目标

1. 能按规程采取必要的安全隔离措施和使用安全标志，准备现场工作环境。

2. 能根据任务需要完成元件和材料的检查、加工及安装等工作。

3. 能按照图纸要求、配电箱电气安装规范工艺要求、世界技能大赛电气安装技术标准，运用线路明敷、捆扎布线等工艺，完成施工任务。

4. 施工后，在通电之前，能正确使用仪表检查电气装置，包括绝缘电阻检查、接地连续性检查、极性检查和目测检查，并排除相应故障。

5. 能按相关技术指标要求，通电检查所安装设备的所有功能，以确保装置的正确运行。

6. 能在作业过程中严格执行企业操作规范、安全生产制度、环保管理制度以及6S管理规定，严格遵守从业人员的职业道德，具有吃苦耐劳、爱岗敬业的工作态度，精益求精的质量管控意识和职业责任感。

7. 作业完毕后，能按车间现场6S管理和产品工艺流程的要求，清点、整理工具，收集剩余材料，清理工程垃圾，拆除防护措施，整理现场。

建议学时：18学时

学习过程

一、现场施工准备

在移动式配电箱安装任务中，应严格实施质量管理，做到：材料不合格不投料；上道工序不合格不流入下道工序；零件、元器件不合格不装配；装配不合格不检验；检验不合格不出厂。除此以外，应在工作现场采取必要的安全隔离措施和使用安全标志，清理影响施工的杂物，准备现场工作环境。

1．将安全隔离措施装置或安全标志安放情况记录在表 1–3–1 中。

表 1–3–1 安全隔离措施装置或安全标志安放情况

安全隔离措施装置或安全标志	位置	目的

2．除了对现场的准备工作外，施工人员自身应做好哪些防护准备？在小组内讨论一下，看看自己考虑得是否全面，并记录下来。

二、电气元件安装

1．元件、工具与材料的准备、检查

查阅资料学习相关知识，准备任务所需元件、工具与材料，并进行检查，写出其中配电箱箱体检查的工作内容。

2．按需加工电工材料

在安装电气元件前，应先按需加工好各电工材料，包括切割导轨、在安装板上钻孔与攻螺纹等，以方便安装。

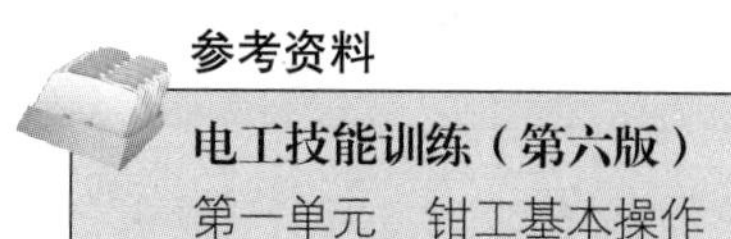

参考资料

电工技能训练（第六版）

第一单元　钳工基本操作

（1）查阅相关资料，正确选择加工导轨和汇流排的测量工具、划线工具和切割工具。

（2）切割导轨时注意导轨切口应平直，端头应倒角无毛刺。切口与导轨应垂直还是成 45° 角?

（3）安装板上需要攻螺纹，底钻孔直径只可以是内螺纹的小径，不能是公称直径（大径）。

1）查阅相关资料，说明何为内螺纹的小径，何为内螺纹的公称直径（大径）。

2）查阅相关资料，为 M8 螺栓的钻孔和攻螺纹正确选择钻头和手用丝锥。

3．安装电工材料与电气元件

准备工作结束后，开始安装导轨等电工材料，再安装开关、进出线缆接线端子、汇流排等电气元件，开关两端需加装固定件。

所有电气元件的布置要合理，产品外观要整齐、美观，安装应平稳端正、牢固，无松动现象，不应受到额外的导线拉力。按图施工，如图上无明确规定，则以中心线为准左、右布置，以利于导线的合理安排。同一型号规格的电气元件必须按相同方式安装，保持一致，使之外观整齐、标识清楚。

（1）按照《测量、控制和实验室用电气设备的安全要求　第 1 部分：通用要求》（GB 4793.1—2007）的规定，低压配电 / 动力箱内一次回路带电体间及带电体和骨架间，安装时应满足表 1-3-2 列出的电气间隙和爬电距离。

表 1-3-2　一次回路带电体电气间隙与爬电距离

类别	电气间隙 /mm	爬电距离 /mm
交直流低压配电柜	10	12
交直流低压动力箱	10	12
交直流低压照明箱	5.5	6.3

查阅上述国家标准，说明什么是电气间隙、爬电距离。

（2）导轨敷设时，水平或垂直允许偏差为其长度的 2‰，全长最大允许偏差为 ±1 mm。同一直线的导轨不允许两段连接，每段导轨的固定点不应少于几个?

（3）螺栓、螺母等均应有良好保护镀层，方可用于装配。国家标准中规定，安装电气设备的紧固螺栓应拧紧，无打滑现象，并采取弹簧垫圈及平垫圈等防松措施，元件的安装倾斜度不得大于 5°。拧紧的标准以弹簧垫圈压平为准，拧紧后的螺纹以露出螺母 2 牙为宜，最长不能超出 8 牙。不接线的螺栓也应拧紧。查阅相关资料，回答以下问题。

1）螺栓、螺母为什么要有保护镀层?

2）简述弹簧垫圈及平垫圈在装配中的作用。

3）为什么不连接导线的螺栓也应拧紧?

（4）通过导轨卡座安装的元件，卡扣应完全卡住导轨，元件装卸卡扣位置应位于元件的哪一侧?

（5）元件安装后，如何在贴纸标签前，防止电气线路布设与接线时混淆同类型元件的编号?

三、电气线路布设与接线

1．施工前应准备好布线材料和工具，不同相序的导线和地线应采用带有相应色标的绝缘铜线。布线前，应预先测量好大致长度再落料，落料后的导线须拉勒挺直。

参考资料

电工技能训练（第六版）
第三单元课题三任务二　低压开关柜的安装

（1）明敷布设导线应符合布线顺序和工艺要求，图 1-3-1 所示为一个工程案例。查阅相关资料，简要描述布线顺序的工艺要求。

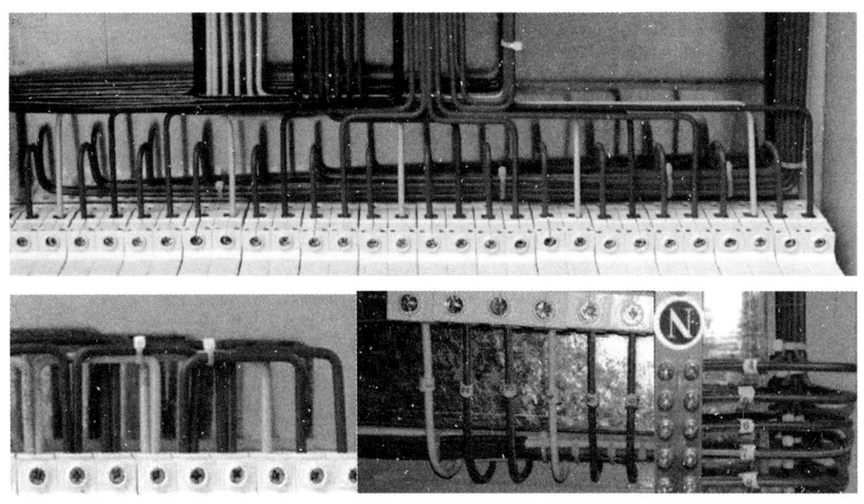

图 1-3-1　明敷布设导线的工程案例

（2）查阅相关资料，简述明敷布设导线时导线与金属板的距离要求。

（3）查阅相关资料，简述明敷布设导线的弯曲工艺要求。

（4）查阅相关资料，描述利用线扎进行捆扎敷线的工艺要求。

2．导线接入电气元件接点前，应先剥除掉适当长度的绝缘外皮，安装并固定冷压端子，再接入电气元件接点。查阅相关资料，简述导线绝缘剥除的工艺要求。

3．查阅相关资料，简述导线接入电气元件接点时的相关要求。

四、固定安装板，布设各接地线，粘贴标签，清理箱内

1．安装板内施工完成后，将安装板固定到配电箱内。查阅相关资料，简述箱体安装的相关要求。

2．查阅相关资料，简述标签粘贴的相关要求。

3．查阅相关资料，简述施工后箱内应做哪些清理工作。

五、回顾、思考，总结问题

在整个安装过程中遇到过什么问题？是如何解决的？ 在表 1-3-3 中记录下来。

表 1-3-3　　安装过程中遇到的问题和解决方法

所遇问题	解决方法

六、安全测试与通电调试

1．施工完毕，先进行直观检查。查阅相关资料，简要描述直观检查的项目有哪些。

2．通电前应首先检查线路是否存在断路的问题，也要粗略测量箱内接地电阻，判断是否正常，通常使用万用表的电阻 R×1 挡完成。将开关闭合后，实际测量每相导线进出点、N 线进出点的通断情况，将测量结果填入表 1–3–4 中。

表 1–3–4　　线路导通情况记录表

测量位置	线路状态（正常 / 不正常）	解决措施

3．在世界技能大赛“电气装置”项目中，接地连续电阻是一个重要的评价指标，按照技术文件，主接地端和装置上所需接地的任意一点之间的接地连续电阻不能超过 0.5 Ω。实际测量地排与箱体、箱门间的接地连续电阻情况，将测量结果填入表 1–3–5 中。

表 1–3–5　　箱内接地情况记录表

测量位置	实际测量值 /Ω	理论值 /Ω	状态（正常 / 不正常）	解决措施
		≤ 0.5		
		≤ 0.5		
		≤ 0.5		

4．通电前，还需检查设备的相间和相对地的绝缘电阻是否合格，包括：在开关断开时，同极的每个开关的进线端及出线端之间；在开关闭合时，不同极的带电部件之间，相线与零线、地线、金属外壳之间。世赛相关技术文件要求：“任意带电导体与任意接地导体之间的最小电阻不能小于 1 MΩ，使用绝缘电阻测试仪，用 500 V 直流电压进行测试。”利用兆欧表进行实际测量，并将测量结果填入表 1–3–6 中。

表 1-3-6 绝缘电阻情况记录表

测量位置	所涉及开关文字符号	开关状态（闭合/断开）	实际测量值/MΩ	理论值/MΩ	线路状态（正常/不正常）	解决措施
				≥ 1		
				≥ 1		
				≥ 1		
				≥ 1		
				≥ 1		
				≥ 1		
				≥ 1		
				≥ 1		
				≥ 1		
				≥ 1		
				≥ 1		
				≥ 1		
				≥ 1		

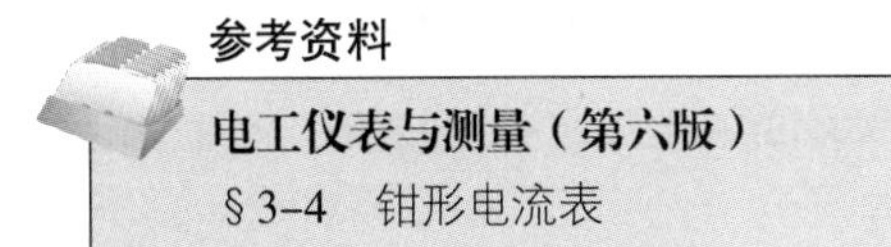

5．断电测试无误后，经教师同意，可进行通电调试。接入三相电源，并在设备出线侧连接试验用电动机。通电调试至少有两人在场。

查阅相关资料，了解通电调试的方法和注意事项，回答以下问题，完成调试。

（1）钳形电流表是一种用来测量线缆交、直流电流的便携式仪表，使用时仅需将被测导线夹入钳口，并关闭钳口，即可读数。

1）在用钳形电流表测量线路电流时，可以一次夹几根线，为什么？

2）测量时严禁钳形电流表在夹住被测导线时更换仪表挡位。为什么？

（2）按要求进行通电调试，并将结果填入表 1-3-7 中。

表 1-3-7　通电调试情况记录表

测试项目	测试结果（正常 / 不正常）	故障现象	故障原因	检修过程
按顺序闭合断路器，查看断路器在带电状态下分合动作是否正常				
按顺序闭合断路器并连接试验电动机，查看电路功能是否正常，并用钳形电流表测量线路电流后与试验电动机额定数据进行比对，判断是否正常				
对各开关连续分断闭合闸 5 次，查看开关的响应是否正常				
在开关闭合状态下，检验漏电试验时开关是否能顺利分断				

七、清理现场及交验

1．查阅世赛相关评分标准，施工完毕后，应做哪些清点和整理工作?

2．施工完毕后，按照工作任务联系单要求交付验收负责人验收，填写表 1-3-8 所示项目验收评价表，并补全学习活动 1 中工作任务联系单的相关内容。

表 1-3-8 项目验收评价表

项目	验收评价意见		
	合格	不合格	存在的问题
电气元件的选择			
电工材料的选择与加工			
电工工具和防护措施的选择			
布局、尺寸与功能的按图施工情况			
电气元件安装工艺情况			
电气线路布设工艺情况			
标签粘贴工艺情况			
安全测试的情况			
通电调试的情况			

3．验收负责人还提出了哪些意见或建议?你是如何回答的?

学习活动 4　工作总结与评价

学习目标

1. 施工项目验收后，能以小组形式，积极主动地展示和汇报工作成果。

2. 能完成对学习过程的综合评价。

建议学时：4 学时

学习过程

一、工作总结

以小组为单位，选择演示文稿、展板、海报、录像等形式中的一种或几种，向全班展示、汇报学习成果。

二、综合评价

以小组为单位，展示本组成果。根据表 1-4-1 中评分标准进行评分。

表 1-4-1　　评分标准

序号	项目	配分	技术要求与评分标准	现场记录与评分			
				现场记录	自我评价	小组评价	教师评价
1	健康与安全（5 分）	2	施工过程中正确设置相应的安全标志，正确穿戴工作服等安全防护用品，无违反健康与安全要求的行为。每违反一项，扣 0.5 分				
		1	施工过程中及施工结束后始终保持场地整洁。每出现一处不符合要求，扣 0.5 分				
		1	箱体、柜门等设备正确接地，通过地排进出。每出现一项错误，扣 0.5 分				
		1	需要接入中性线的电气元件正确接零，通过零排进出。每出现一项错误，扣 0.5 分				

续表

序号	项目	配分	技术要求与评分标准	现场记录与评分			
				现场记录	自我评价	小组评价	教师评价
2	安全测试（7分）	3	正确测试各接地连续电阻且方法正确。每出现一项错误，扣1分				
		3	正确测试各绝缘电阻且方法正确。每出现一项错误，扣1分				
		1	正确填写安全测试报告。每出现一项错误，扣0.5分				
3	通电调试（25分）	3	通电调试操作方法正确。错误，不得分				
		22	通电调试成功且功能正确，无须再次通电，得满分 第二次通电调试成功且功能正确，得11分 第二次通电调试未成功或功能不正确，不得分				
4	电路设计（13分）	1	电气元件布局正确、有序。有安全隐患，不得分				
		2	断路器容量与型号选用正确。每出现一项错误，扣1分				
		2	接线端子容量与型号选用正确。每出现一项错误，扣1分				
		2	地排、零排容量与型号选用正确。每出现一项错误，扣1分				
		1	供电线路导线颜色选用正确。错误，不得分				
		2	供电线路导线规格选用正确。每出现一项错误，扣1分				
		1	零线和地线颜色选用正确。错误，不得分				
		2	零线和地线导线规格选用正确。每出现一项错误，扣1分				
5	尺寸测量（8分）	2	按图施工，安装板的安装孔尺寸测量正确。每处误差超过5 mm，扣1分				
		3	按图施工，电气元件导轨的安装孔尺寸测量正确。每处误差超过5 mm，扣1分				
		3	按图施工，电气元件的安装尺寸测量正确。每处误差超过5 mm，扣1分				
6	元件与设备的安装（20分）	15	所有电气元件与电气材料固定牢固，无晃动或移动。每出现一处不符合要求，扣3分				
		3	安装板固定牢固无晃动。不符合要求，不得分				
		2	元件标签与安全标志正确齐全。每出现一处不符合要求，扣0.5分				

续表

序号	项目	配分	技术要求与评分标准	现场记录与评分			
				现场记录	自我评价	小组评价	教师评价
7	布线与终端（20分）	3	整体布线布局合理，整齐、美观，走线成束，线束弯曲半径均匀，满足明敷、捆扎敷设工艺要求。每出现一处不符合要求，扣1分				
		2	绑扎带绑扎正确，使用合理，切断后不割手且留余，并小于1 mm。每出现一处不符合要求，扣0.5分				
		2	所有导线不能交叉进入元件，导线弯曲半径均匀。每出现一处不符合要求，扣0.5分				
		13	所有导线正确终止，无松动与漏铜，导线外表无伤痕。每出现一处不符合要求，扣1分				
8	电气材料加工工艺（2分）	1	导轨的落料符合工艺要求，无毛刺。每出现一处不符合要求，扣0.5分				
		1	电气材料的钻孔、攻螺纹符合工艺要求。每出现一处不符合要求，扣0.5分				
总配分		100	总得分	/			

世赛知识

世界技能大赛的竞赛项目与竞赛内容

每届世界技能大赛均包含大量竞赛项目，以俄罗斯喀山举办的第45届世界技能大赛为例，分六种竞赛领域，共56个竞赛项目。六种竞赛领域分别是：结构与建筑技术、创意艺术与时尚、信息与通信技术、制造与工程技术、社会及个人服务、运输与物流。

“制造与工程技术”领域是机类、电类专业最为相关的领域，共包含16个竞赛项目，是竞赛项目最多的竞赛领域，包括：数控铣、数控车、化学实验室技术、建筑金属构造、电子技术、工业控制、工业机械装调、制造团队挑战赛、CAD机械设计、机电一体化、移动机器人、塑料模具工程、综合机械与自动化、原型制作、水处理技术、焊接等。其中，机电一体化和移动机器人为双人团体项目，制造团队挑战赛为3人团体项目。

“结构与建筑技术”领域中的“电气装置”项目是与工民用电气设备安装能力最为相关的项目，该项目是指运用传统技术和新兴技术，对各类商业或民用建筑的电气装置进行特定设计、安装、调试、运行的竞赛项目。本项目要求选手具有安装电工的操作技能，能使用提供的图纸和文档对安装工作进行规划和设计，能熟练掌握多种不同用途的线路系统的安装与调试，能够按照国家相关电气施工标准，根据施工图纸在模拟工作间内完成管路布局安装、电气线路安装、系统编程与调试，并能完成电气设备的诊断与维护。

“电气装置”项目竞赛内容包括三个模块，分别是：使用新兴技术进行电气设备安装、智能建筑设计编程（KNX）和装置测试与故障查找。

以第一个模块为例，竞赛内容与基本要求包括：

（1）比赛用时不超过13 h，包括设备调试和安装；

（2）竞赛材料全部由主办单位提供；

（3）在工作间的三面墙上和天花板上按要求完成安装；

（4）包含照明电路和电力插座电路的安装、配电板和保护设备的安装、三相电动机控制电路的安装；

（5）可能包含固定的家用电器电路、结构化的电缆布线系统、环境控制或门禁权限设备；

（6）包含一个选手要完成的设计任务；

（7）包含可编程设备（如西门子LOGO）的安装和设备设定；

（8）至少使用两种不同的电线电缆，如护套电缆（如VV或BV系列）、软导线（如RV或BVR系列）；

（9）至少使用三种不同的电缆支持保护系统，如金属线管、PVC线管、金属电缆桥架、PVC线槽等；

（10）需弯曲PVC线管时，可采用人工弯曲，金属线管不需弯曲；

（11）第二天比赛结束后进行安装部分的检测与评分（要求选手第二天完成所有墙面安装工作）；

（12）调试前要进行检查和测试，并记录测试结果，提交测试报告后方可通电测试。

学习任务二　挂壁式配电箱安装与调试

学习目标

1. 能根据工作任务联系单，明确工时、工作内容等要求。

2. 能正确识读电路图，并通过勘察施工现场，准确描述现场特征，取得必要的资料、数据。

3. 能正确识别刀开关、三相插座、浪涌保护器、电流互感器、低压转换开关、低压 LED 指示灯、低压熔断器等电气元件，以及走线槽、螺旋缠绕管、号码管等电工材料，了解其选择方法与安装使用方法。

4. 能根据勘察现场的结果和任务要求，完善施工设计，绘制相关图纸，选择电气元件、电工工具和电工材料，制订工作计划。

5. 能按规程应用必要的安全隔离措施和安全标志，准备现场工作环境。

6. 能根据任务需要，正确使用相关工具设备，完成元件和材料的检查、加工及安装等工作。

7. 能按照图纸要求、配电箱电气安装规范工艺要求、世界技能大赛电气安装技术标准和场地情况，运用线路明敷、捆扎、线槽布线等工艺，完成施工任务。

8. 施工后，在通电之前，能正确使用仪表检查电气装置，包括绝缘电阻检查、接地连续性检查、极性检查和目测检查，并排除相应故障。

9. 能按相关技术指标要求，通电检查所安装设备的所有功能，以确保装置的正确运行。

10. 能在作业过程中严格执行企业操作规范、安全生产制度、环保管理制度以及 6S 管理规定，严格遵守从业人员的职业道德，具有吃苦耐劳、爱岗敬业的工作态度，精益求精的质量管控意识和职业责任感。

11. 作业完毕后，能按车间现场 6S 管理和产品工艺流程的要求，清点、整理工具，收集剩余材料，清理工程垃圾，拆除防护措施，整理现场。

12. 施工项目验收后，能以小组形式，积极主动地展示和汇报工作成果，完成对学习过程的综合评价。

建议学时

60 学时

工作情境描述

工厂利用车间空闲场地，布置了一个机械加工维修室，内有金属切割机一台、小型钻床一台、砂轮机一台、电焊机一台，现需现场安装一台明敷挂壁式配电箱，为这些设备供电。项目部向电工班下达配电箱安装任务，工期为 16 h，任务完成后交项目部验收。

工作流程与活动

1．明确任务和勘察现场

2．施工前的准备

3．现场施工

4．工作总结与评价

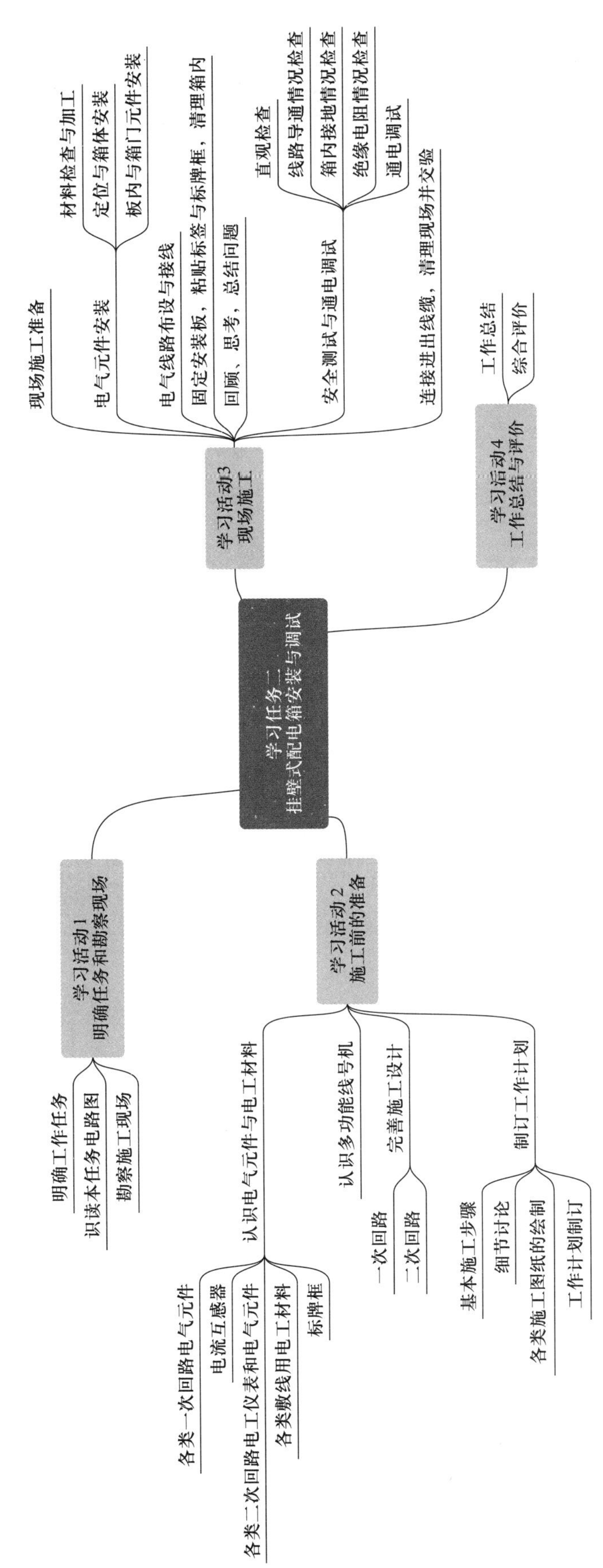
学习任务二
挂壁式配电箱安装与调试
学习活动1
明确任务和勘察现场
明确工作任务
识读本任务电路图
勘察施工现场
学习活动2
施工前的准备
认识电气元件与电工材料
各类一次回路电气元件
电流互感器
各类二次回路电工仪表和电气元件
各类敷线用电工材料
标牌框
认识多功能线号机
完善施工设计
一次回路
二次回路
制订工作计划
基本施工步骤
细节讨论
各类施工图纸的绘制
工作计划制订
学习活动3
现场施工
现场施工准备
电气元件安装
材料检查与加工
定位与箱体安装
板内与箱门元件安装
电气线路布设与接线
固定安装板，粘贴标签与标牌框，清理箱内
回顾、思考，总结问题
安全测试与通电调试
直观检查
线路导通情况检查
箱内接地情况检查
绝缘电阻情况检查
通电调试
连接进出线缆，清理现场并交验
学习活动4
工作总结与评价
工作总结
综合评价

学习活动 1　明确任务和勘察现场

学习目标

1. 能根据工作任务联系单，明确工时、工作内容等要求。

2. 能正确识读电路图。

3. 能勘察施工现场，准确描述现场特征，取得必要的资料、数据。

建议学时：6 学时

学习过程

一、明确工作任务

阅读工作任务联系单（表 2-1-1），以小组为单位讨论其内容，提炼主要信息，完成下列内容。

表 2-1-1　　工作任务联系单　　编号

工作任务	挂壁式配电箱安装与调试		
工作任务详情	为车间新布置的机械加工维修室现场安装一台明敷挂壁式配电箱，施工用箱体为外购（已开孔）		
任务工期	16 h	验收单位	项目部
承接单位	电工班	施工负责人	
施工人员			
任务开工时间		任务完工时间	
验收意见			
施工负责人签字		验收负责人签字	

1．该项工作的主要内容是____________________。

2．该项工作所需安装的设备，其应用地点的性质是__________。

3．该项工作的任务工期是________。

4．该项工作交给你和同组人，你们的角色（单位）是______。

5．该项工作完成后，应交给______进行验收。

二、识读本任务电路图

本任务的相关电路图示例如下：电气原理图如图 2–1–1 所示，本任务提供的挂壁式配电箱箱体外观如图 2–1–2 所示，本任务提供的配电箱箱门结构图如图 2–1–3 所示；配电箱箱门元件布置图的绘制样例如图 2–1–4 所示。

参考资料

机械与电气识图（第四版）

第五章　典型电气图的识读

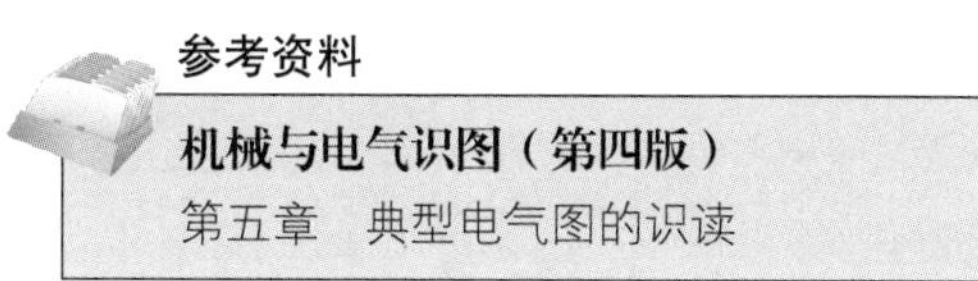

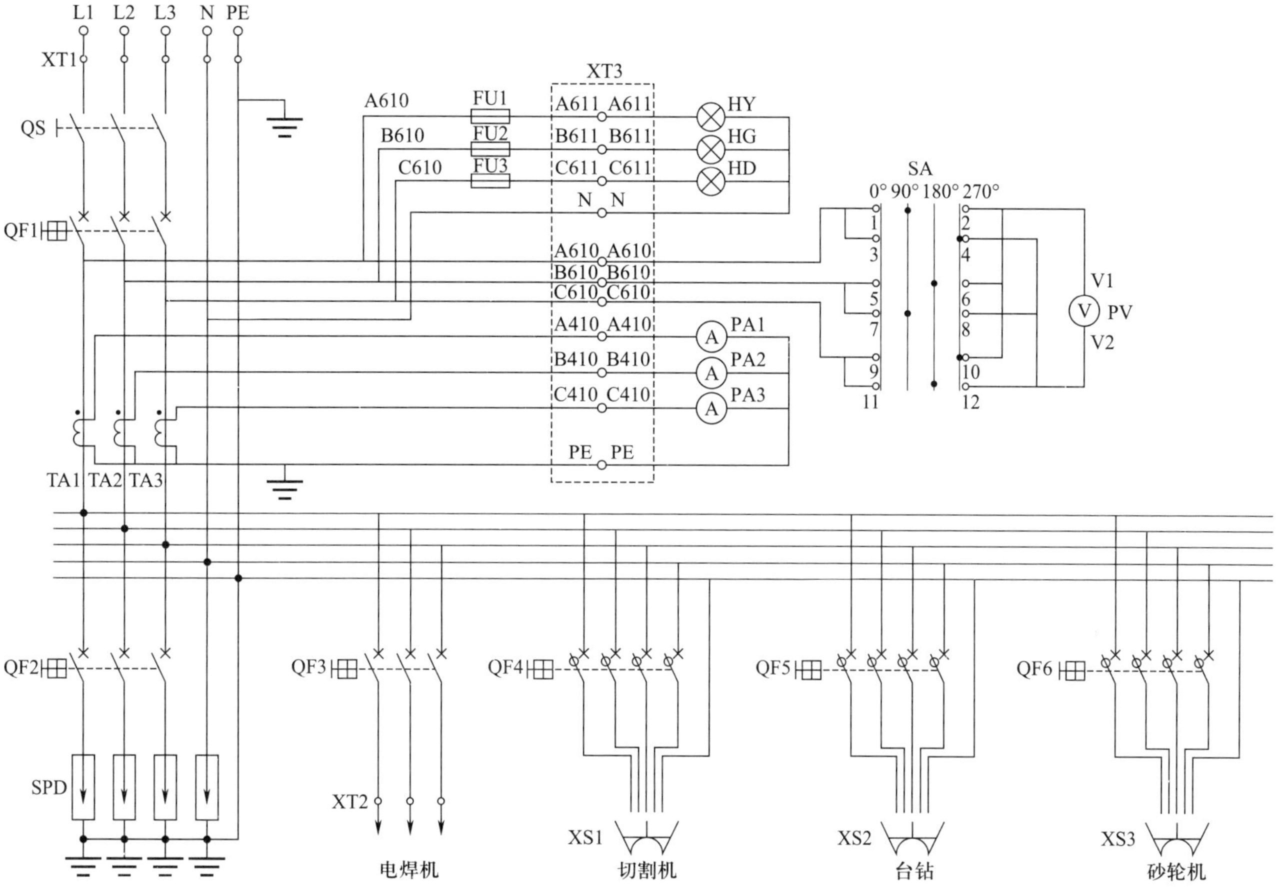

图 2–1–1　本任务电气原理图

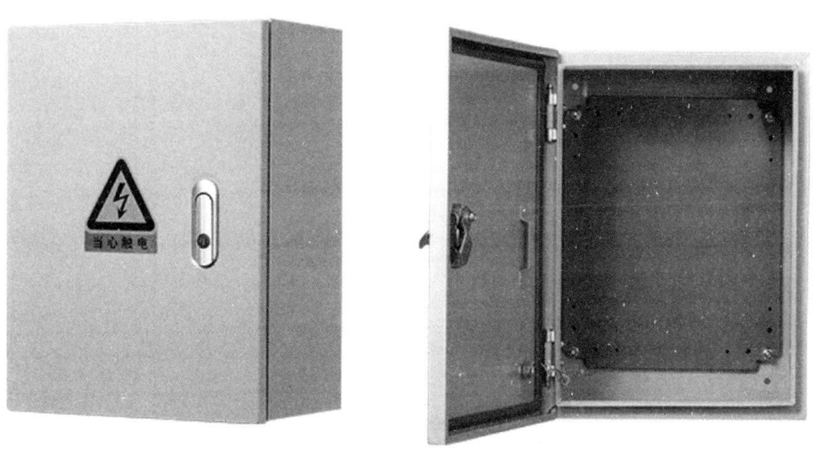

图 2–1–2　本任务提供的挂壁式配电箱箱体外观

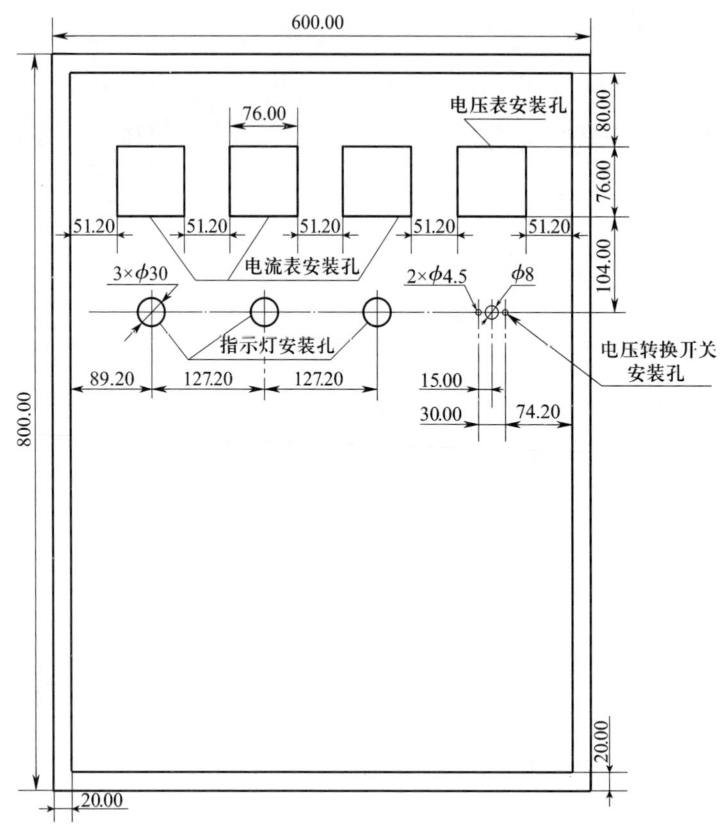

图 2-1-3 本任务提供的配电箱箱门结构图（单位为 mm）

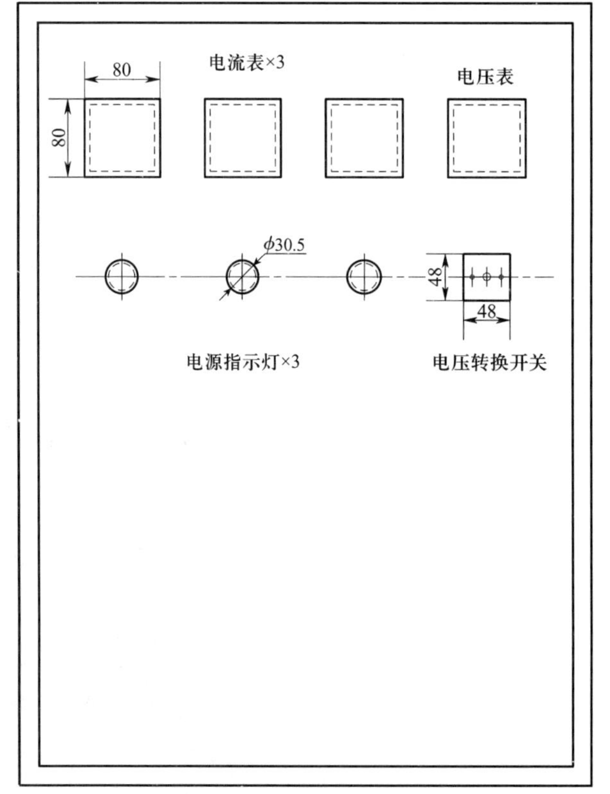

图 2-1-4 配电箱箱门元件布置图的绘制样例（单位为 mm）

1．识读本任务电气原理图，查阅相关资料，补全表 2–1–2。

表 2–1–2　　元件文字符号和图形符号

元件名称	文字符号	图形符号	元件名称	文字符号	图形符号
低压刀开关			带接地插孔的明装三相插座		
浪涌保护器			熔断器		
电流互感器（一次回路）			电流互感器（二次回路）		
交流电流表			交流电压表		
电压表用四挡转换开关（国标简图）			电压表用四挡转换开关（国标详图）		
指示灯（不分色）			指示灯（红色）		
指示灯（绿色）			指示灯（黄色）		

2．通过图 2–1–1 所示电气原理图可以发现，本任务除了存在配电回路，还存在测量与信号回路。在供配电系统中，这些回路被分为一次回路和二次回路。在电气元件与线路安装中，不同回路的安装要求是不同的。查阅相关资料，描述一次回路、二次回路及其一次设备和二次设备的含义。

3．配电箱二次安装接线图和接线端子接线图的绘制样例如图 2-1-5 所示，通过观察可以发现，图中没有代表导线的连线，而是在各电气元件接线端子旁有“* — *”的编号，称为相对编号。查阅相关资料，简述如此设置的原因。

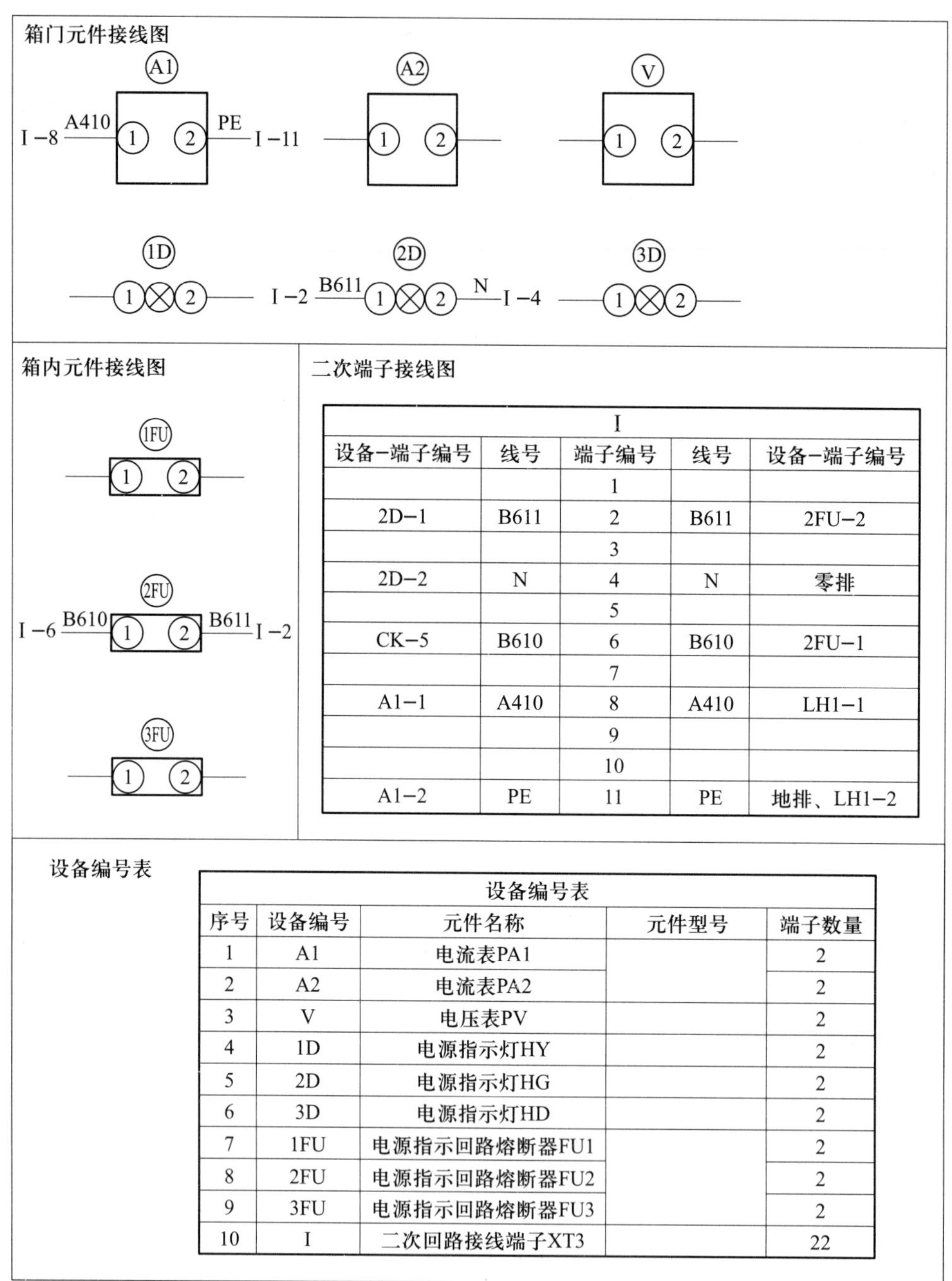

I				
设备−端子编号	线号	端子编号	线号	设备−端子编号
		1		
2D−1	B611	2	B611	2FU−2
		3		
2D−2	N	4	N	零排
		5		
CK−5	B610	6	B610	2FU−1
		7		
A1−1	A410	8	A410	LH1−1
		9		
		10		
A1−2	PE	11	PE	地排、LH1−2

设备编号表				
序号	设备编号	元件名称	元件型号	端子数量
1	A1	电流表PA1		2
2	A2	电流表PA2		2
3	V	电压表PV		2
4	1D	电源指示灯HY		2
5	2D	电源指示灯HG		2
6	3D	电源指示灯HD		2
7	1FU	电源指示回路熔断器FU1		2
8	2FU	电源指示回路熔断器FU2		2
9	3FU	电源指示回路熔断器FU3		2
10	I	二次回路接线端子XT3		22

图 2-1-5 配电箱二次安装接线图和接线端子接线图的绘制样例

4．查阅相关资料，描述相对编号的编号方法。

5．查阅相关资料，描述相对编号在配电箱二次安装接线图和接线端子接线图中的应用方法。

三、勘察施工现场

施工前，在对工作任务和图纸了解清楚后，还应到任务现场进行实地勘察，核对任务要求与图纸，记录相关技术参数，为后面开展施工做好准备。仔细观察从任务布置单位了解到的本任务所带负荷的详细电气参数，如图 2–1–6 所示。

产品型号	315旗舰款重载型
额定输出功率/kW	8.5
额定输入电压/V	380×（1±15%）
电流调节范围/A	20~315
发电机模式	/
推力电流/A	/
热引弧电流/A	/
频率/Hz	50/60
持续负载率	80%
效率	0.85
功率因数	0.82

重载型电焊机

额定电压：380V
电动机功率：4kW
效率：0.9
功率因数：0.85
空载转速：3000r/min

高精密钢构型切割机

额定电压：380V
额定频率：50Hz
额定功率：1500W
同步转速：1500r/min
工作制：连续运行
效率：0.9
功率因数：0.85

台式砂轮机

额定电压：380V
额定频率：50Hz
额定功率：1100W
效率：0.9
功率因数：0.85

多功能台钻

#说明：其中，电焊机支路要求由接线端子引出，其他负荷支路要求安装三相插座。

图 2-1-6 本任务所带负荷的详细电气参数示例

1．从用电的角度来看，电焊机是一种较为特殊的电气负荷，它只有两根电源进线，却可以根据产品设计的不同，选择使用 220 V 或 380 V 的电源电压，图 2-1-6 所示示例中的电焊机选用的是 380 V 电源电压。查阅相关资料，描述电焊机选用 380 V 电源电压时的接线方法。

2．根据负荷计算的相关知识，查阅相关资料，进行本任务所带负荷的负荷计算。

3．配电箱的进出线电缆从何位置进入箱体，将在一定程度上影响箱内电气设备的布置方式和线路施工的难度，这一般由任务需求决定。通过观察电气原理图和勘察施工现场，结合本任务的特点，你认为进出线电缆从何位置进入箱体更符合实际需求?

4．《低压成套开关设备和控制设备》(GB 7251—2013) 和《低压配电设计规范》(GB 50054—2011) 中均明确规定，照明配电箱安装高度 (电箱底边距地面) 不应小于 1.5 m。查看施工现场情况是否满足施工条件，并通过复习“照明线路安装与检修”课程所学知识，确定任务明敷上墙所需的工具与材料。

学习活动 2　施工前的准备

学习目标

1. 能正确识别刀开关、三相插座、浪涌保护器、电流互感器、低压转换开关、低压 LED 指示灯、低压熔断器等电气元件，以及走线槽、螺旋缠绕管、号码管等电工材料，了解其选择方法与安装使用方法。

2. 能正确使用电流表、电压表等电工仪表进行测量，使用多功能线号机制作号码管。

3. 能根据勘察现场的结果和任务要求，完善施工设计，绘制相关图纸，选择电气元件、电工工具和电工材料，制订工作计划。

建议学时：24 学时

学习过程

一、认识电气元件与电工材料

1．认识刀开关、三相插座、浪涌保护器等一次回路电气元件

（1）低压配电线路中的刀开关主要有 HD 系列单投刀开关和 HS 系列双投刀开关等，如图 2–2–1 所示。查阅相关资料，描述刀开关的作用。

a)

b)

c)

d)

图 2–2–1　常用的各类刀开关

a）HD13 型刀开关　b）HD11 型单投刀开关　c）HS13 型双投刀开关　d）HS11 型双投刀开关

（2）三相插座是一种为三相电源提供便捷引入的装置，分为三相四孔插座和三相五孔插座两种，有面板型、工业导轨型和航空插头型等各种类型，如图 2–2–2 所示为工业导轨型三相四孔插座。查阅相关资料，图 2–2–2 中箭头所示接入点应连接三相四线制电源的哪根线？

图 2–2–2　工业导轨型三相四孔插座

（3）供配电系统中会因为各种原因出现危及电气设备绝缘安全的电压，需要进行过电压保护。低压配电线路用户端中，一般利用浪涌保护器（SPD）来实现过电压保护，如图 2–2–3 所示。

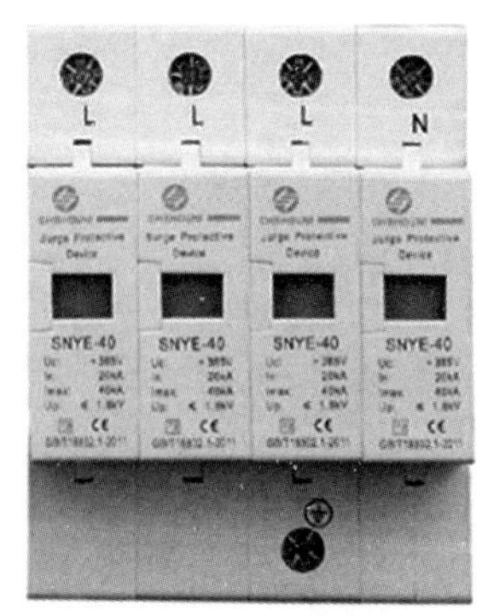

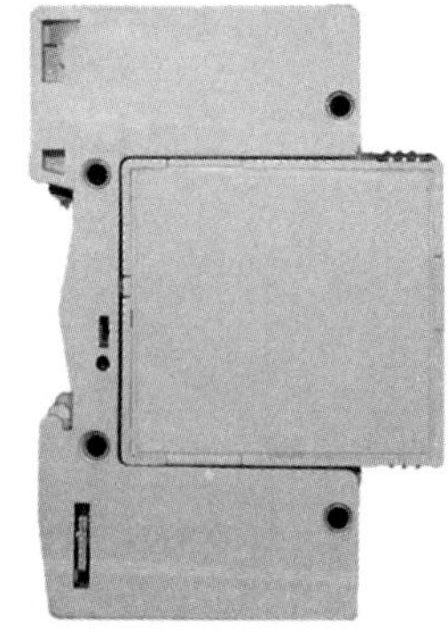

图 2–2–3　浪涌保护器

1）查阅相关资料，描述浪涌保护器的基本工作原理。

2）不同的浪涌保护器保护性能不同，低压配电线路用户端一般使用C级浪涌保护器，查阅相关资料，画出三相四线制线路用浪涌保护器（4P）的接线方式。

3）查阅相关资料，浪涌保护器前端为什么一定要加熔断器或断路器？

4）查阅相关资料，浪涌保护器在进行过电压保护时，其前端的熔断器或断路器是否会断开电路？为什么？

2. 认识电流互感器

配电线路如果连接大容量负荷，线路的电流较大，而普通的测量仪表无法承受大电流，所以大容量配电线路电流的测量一般是不直接连接仪表，而是采用电流互感器进行间接测量。电流互感器种类多样，如图 2–2–4 所示为常用的瓷套贯穿式低压电流互感器。

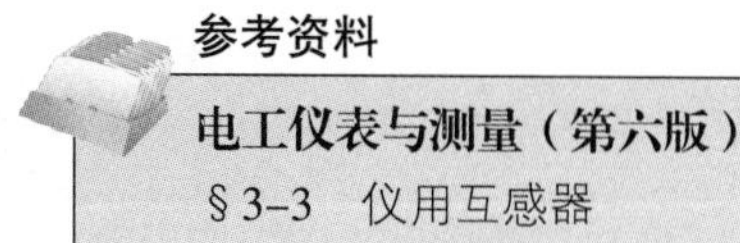

参考资料

电工仪表与测量（第六版）

§3–3　仪用互感器

图 2–2–4　瓷套贯穿式低压电流互感器

（1）查阅相关资料，简述电流互感器的原理。

（2）按照电力作业相关规程的规定，电流互感器二次回路接线必须可靠、牢固，严禁在二次回路中接入开关或熔断器，严禁电流互感器工作时二次侧开路，二次绕组、铁芯和外壳有一端必须接地，且只允许有一个接地点。查阅相关资料，为什么严禁电流互感器工作时二次侧开路？

（3）电流互感器的主要参数包括额定长期运行电压、额定一次电流，额定二次电流、额定容量和准确度等级等。其中最为重要的是准确度等级，查阅相关资料，简述准确度等级的含义，并写出常用的低压配电系统测量用电流互感器的准确度等级。

（4）由于内部结构、使用方式、适用场合和绝缘介质的不同，电流互感器的类型很多。从电压等级和适用场合的角度来看，低压配电箱中一般使用贯穿式。查阅相关资料，结合图 2–2–4，说明此类电流互感器一次绕组是如何接入电路中的。

3．认识各类二次回路电工仪表和电气元件

参考资料

电工仪表与测量（第六版）

§3-1　指针式交流电流表与电压表

（1）电工仪表是保证系统设备安全、经济、可靠运行的监测仪器，可以了解系统的运行参数，常用的有电流表和电压表等，如图2-2-5所示为常用的配电箱（柜）用电流表和电压表。

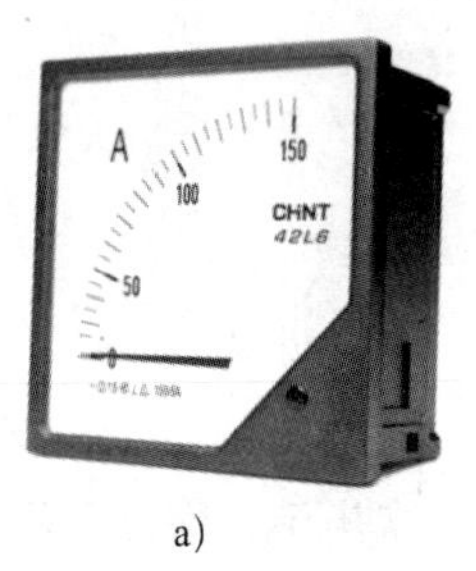

a）

b）

图2-2-5　配电箱（柜）用电流表、电压表

a）电流表　b）电压表

1）查阅相关资料，写出电流表与电压表在电路中的连接方法。

2）一般配电箱（柜）上常用的低压交流电流表和低压交流电压表都是电磁式仪表，并且分为直接接入式和比数式两类。直接接入式电流表有从0.5 A至200 A的不同规格，比数式电流表则与电流互感器配套使用，其量程可至600 A，直接接入式电压表有从15 V至600 V的不同规格。查阅相关资料，选择仪表的量程是不是应与被测参数的最大值相同呢？为什么？

3）若配电箱（柜）中的待测线路电流大致为 40 A，则为其选择电流表时，既能选择 50 A 的直接接入式电流表，也能配合 50/5 的电流互感器选择比数式电流表。查阅相关资料，选择合适的方案，并给予理由。

4）观察图 2-1-1 所示电气原理图可以发现，电路中用了三个电流表，但却只有一个电压表。查阅相关资料，说明这样做的原因。

（2）低压转换开关种类多样，它可以拥有多对触点，依靠手柄旋转时凸轮位置的变化同时切换多对触点的状态，以通断低压小负荷回路。在配电箱（柜）中，低压转换开关经常用于电压表测量回路，也称电压测量切换开关，如图 2-2-6 所示。

参考资料

电力拖动控制线路与技能训练（第六版）
第一单元　常用低压电器及其安装、检测与维修

图 2-2-6　配电箱（柜）用低压转换开关

1）查阅相关资料，当低压转换开关用于配合一个电压表测量三相各相间电压时，需要拥有几对触点？

2）查阅相关资料，画出利用一个低压转换开关和一个电压表测量三相相间电压时的电路图。

（3）在配电箱（柜）中，一般需要使用电源指示灯来快捷地显示电源的通断情况，便于日常使用、维护与检修，一般采用低压 LED 指示灯，如图 2-2-7 所示。根据任务的需求，它可以连接于电源开关进线侧，也可以连接于电源开关出线侧。

图 2-2-7　低压 LED 指示灯

1）查阅相关资料，写出常用低压 LED 指示灯的工作电压等级。

2）低压配电柜中一般直接使用工作电压为交流 220 V 的 LED 指示灯，以显示各相线路通断情况，写出此时需要的指示灯的颜色。

（4）低压熔断器

配电箱（柜）中的信号回路出于短路保护的需求，一般会设置低压熔断器，其外观及熔芯的外观如图 2-2-8 所示。

参考资料

电力拖动控制线路与技能训练（第六版）
第一单元　常用低压电器及其安装、检测与维修

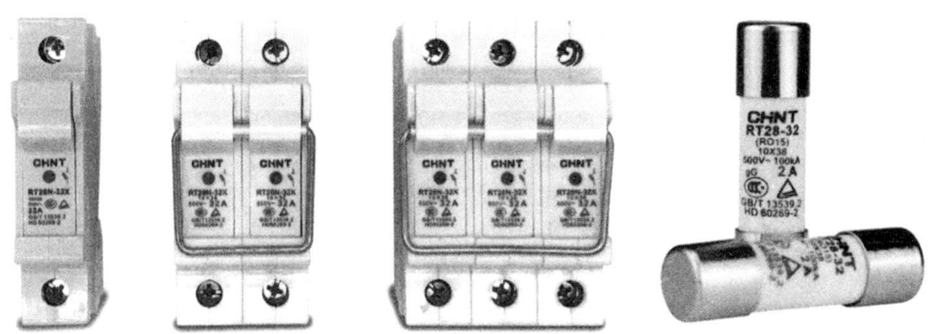

图 2-2-8　常用配电箱（柜）二次回路低压熔断器和熔芯

1）查阅相关资料，写出熔断器的作用与工作原理。

2）低压熔断器的规格和类型多种多样，一般需配合底座共同使用，可用于各种场合。查阅相关资料，写出在配电箱（柜）信号回路中常用的低压熔断器的类型。

4．认识走线槽、螺旋缠绕管、号码管等电工材料

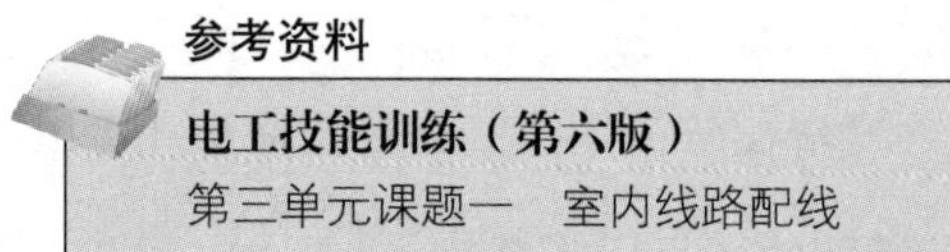
参考资料

电工技能训练（第六版）
第三单元课题一　室内线路配线

走线槽、螺旋缠绕管、号码管均用于低压电气线路的布设与标示，如图 2-2-9 所示，具有不可替代的作用。

a）

b）

c）

图 2-2-9　走线槽、螺旋缠绕管和号码管
a）走线槽　b）螺旋缠绕管　c）号码管

（1）查阅相关资料，描述走线槽的作用。

（2）为便于布线，配电箱（柜）一般选用开口型塑料走线槽。查阅相关资料，写出选择走线槽时的主要参数和要求。

（3）查阅相关资料，写出螺旋缠绕管的作用。

（4）号码管是指用于配线标识的套管，查阅相关资料，写出号码管的常用规格。

5．认识标牌框

标牌框安装在配电箱（柜）门上，用于区分、识别配电箱（柜）门上安装的各电气元件在电路中的作用，如图 2–2–10 所示。

配电箱（柜）门的标牌框，一般为________形，按钮也可使用专用的按钮圆套标牌框，如图 2–2–11 所示。

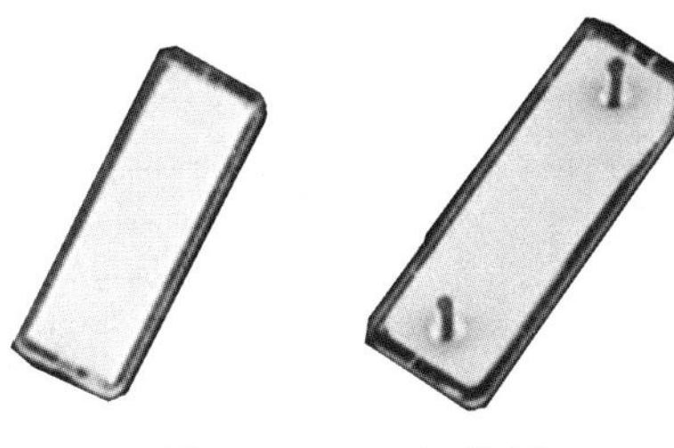

图 2–2–10 标牌框

图 2–2–11 按钮圆套标牌框

二、认识多功能线号机

二次线路接线端头应套有号码管。号码管有两个作用，一是保护裸端子压接部分的绝缘，二是标记导线线号。号码管可以手写，也可以由线号机打印制作，如图 2–2–12 所示为多功能线号机。

图 2–2–12 多功能线号机

查阅相关资料，写出利用多功能线号机制作号码管的工艺要求。

三、完善施工设计

根据《低压配电设计规范》(GB 50054—2011)、《低压成套开关设备和控制设备》(GB/T 7251)、《低压开关设备和控制设备》(GB/T 14048)、《电气装置安装工程　低压电器施工及验收规范》(GB 50254—2014)与相关世赛技术说明和评分标准，在移动式施工用开关箱的基础上，挂壁式配电箱的元件布置、供电系统接线方式和布线方案在施工设计方面还有很多其他要求。查阅相关资料，回答以下问题。

1．一次回路

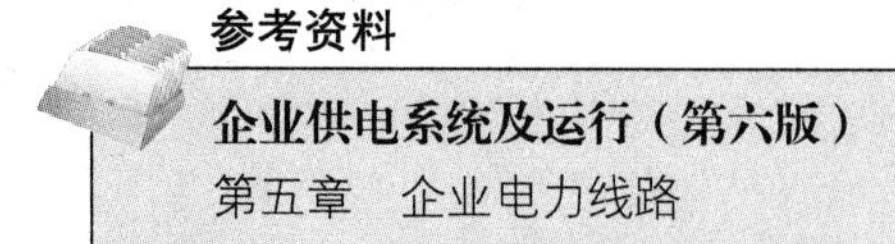

参考资料

企业供电系统及运行（第六版）
第五章　企业电力线路

(1) 在本任务的挂壁式配电箱里，电源进线将引出多路出线，就会涉及供电系统接线方式的问题，即电源断路器与负荷断路器间的接线方式。在低压配电系统中，接线方式多种多样，一般可以选择放射式接线、干线放射式 - 支线树干式接线、干线放射式 - 支线链式接线、树干式接线、干线树干式 - 支线链式接线、链式接线等。采用链式接线时，每链所接设备不得超过 5 台。根据本任务的情况，选择合适的接线方式。

（2）为了布线整齐、美观，终端配电装置的一次回路布线应尽量采用线槽敷线或捆扎敷线的方式，在元件数量较少的情况下，也可采用架空明敷的方式。根据本任务的情况，选择合适的一次回路敷设方式并说明理由。

（3）本任务一次回路需要设置电源进线端子和电焊机支路出线端子，均为低压大电流接线端子，依据负荷计算情况选择相应型号的接线端子。

（4）依照负荷计算结果和低压动力线路导线截面积选择的方法，以环境温度 40 ℃为参照，选择本任务中电源干线与电焊机支路所需相线、中性线与 PE 线。

（5）当配电箱需要外部接线时，其电气元件接线点距离箱体结构底部不得小于多少毫米？

2．二次回路

（1）二次回路元件安装时，带电体间或带电体与金属骨架上的电气间隙不应小于______mm，爬电距离不应小于______mm（不包括元件本身内部的距离）。

（2）二次回路的接线端子应安装于箱门侧的安装板上，采用 45° 角导轨斜面支架，如图 2–2–13 所示，使接线端子与安装板的夹角为______，以方便接线，信号回路用低压熔断器一般与二次回路接线端子同轨敷设。二次回路的接线端子与箱（柜）体下底板直线距离不小于______mm。

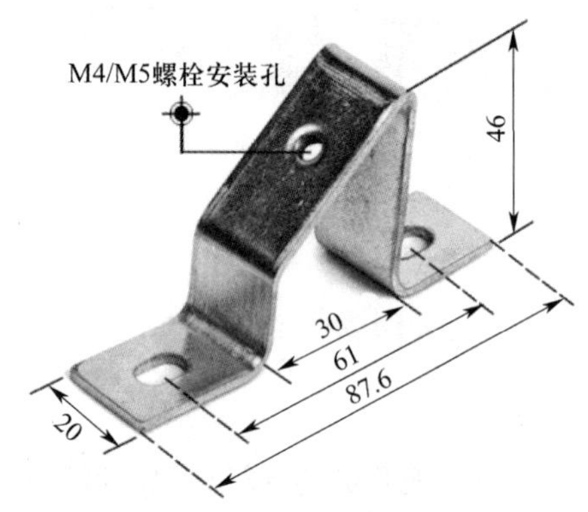

图 2–2–13　45° 角导轨斜面支架

（3）在箱门上安装二次回路测量仪表时，仪表侧面之间或侧面与箱门侧边之间不应小于______mm，仪表顶面或出线孔与箱门顶边之间不应小于______mm。

（4）为了检修的方便，原则上，二次回路导线也应根据电压等级和回路功能使用不同颜色的导线。但当箱（柜）内二次回路导线较少时，可统一采用______色导线连接（不论电压等级），各类备用导线应采用______色导线连接。

（5）二次回路元件安装时，二次回路的最小线径为______mm，电源指示灯回路的导线线径为______mm，电压互感器二次回路的最小线径为______mm，电流互感器二次测量回路的最小线径为______mm，普通面板元件回路和面板备用线的最小线径为______mm，箱门跨接线的最小线径为______mm。

（6）在低压配电箱（柜）中，二次回路导线与一次回路带电体间的电气绝缘距离不小于______mm。

（7）为了整齐美观，当二次回路布线距离大于 200 mm 或在箱（柜）门面板上布设二次回路时，必须采用线槽敷线或缠绕管捆扎敷线。箱门跨接线束等活动部位，必须采用缠绕管捆扎敷线。

1）根据本任务的情况，为安装板内的二次回路、箱门跨接线束和箱门内的二次回路选择合适的敷设方式。

2）在进行线槽敷线时，每节走线槽的固定点不应少于______个，线槽长度在400 mm以上时固定点不应少于______个，在转角、分支处和端部均应有固定点，并紧贴安装板面固定。

3）绝缘导线利用线槽敷线或缠绕管敷线的最小导线线径为______mm。

4）接线端子的短接线是否进入线槽?

5）如果一次回路的线路布设也采用线槽或缠绕管敷线，二次回路的导线是否能与一次回路或其他电压等级回路的导线同槽、同管敷设?

四、制订工作计划

根据施工任务的资料信息，结合已知参数与现场勘察的实际情况，讨论并制订本小组的工作计划，合理选择任务所需的电气元件、电工工具和电工材料，分别绘制本任务的各类施工图纸，并补填学习活动1中工作任务联系单的相关内容。

1．此类任务的基本施工步骤参考

此类任务的基本施工步骤包括：

（1）选择电气元件、材料与工具，并领取、查验、按需加工；

（2）定位，安装明敷挂壁式配电箱箱体；

（3）在安装板上敷设导轨，安装各电气元件；

（4）在配电箱箱门上安装各电气元件和线槽；

（5）对安装板内线路进行布设，并将安装板固定到配电箱内；

（6）对箱门跨接线束、箱门内线路和各接地线进行布设；

（7）粘贴标签和标牌框，并清理箱内；

（8）通电前进行安全测试；

（9）通电调试；

（10）连接进出线缆，清理现场。

2．细节讨论

明确基本施工步骤后，根据本任务的具体情况，进行小组讨论并确定以下几方面的内容：

（1）人员的基本分工；

（2）本任务中低压配电系统所采用的接线方式和敷线形式；

（3）本任务所涉的电气元件、电工工具和电工材料；

（4）本任务的各类施工图纸；

（5）每个环节所需要用到的工具和材料；

（6）各个环节的用时；

（7）有交叉作业情况时的人员、材料安排；

（8）作业现场安全防护措施。

3．本任务各类施工图纸的绘制

查阅相关资料，结合为本任务选择的电气元件和电工材料，分别绘制或完善本任务的箱内元件布置图、箱门元件布置图、一次回路安装接线图和二次回路安装接线图。

参考资料

机械与电气识图（第四版）
第五章　典型电气图的识读

4．工作计划制订

将以上内容的讨论结果进行归纳整理，制订本小组的工作计划。

（1）根据小组讨论确定的施工负责人和小组成员分工，填写表 2–2–1。

表 2–2–1　小组成员分工

姓名	分工

（2）根据小组讨论确定的主要电气元件、电工工具和电工材料，填写表 2–2–2。

表 2–2–2　施工所需主要电气元件、电工工具和电工材料清单

序号	元件、工具或材料名称	型号	单位	数量	备注
1	挂壁式配电箱	800 mm × 600 mm × 250 mm，箱底带点焊螺柱，附可拆卸安装板，带单开箱门，带 MS304–A 按钮式箱门门锁，箱门带点焊螺柱	个	1	
2	试验电动机	Y80M2–4，380 V，50 Hz，750 W，1.57 A，1 390 r/min	个	1	

续表

序号	元件、工具或材料名称	型号	单位	数量	备注

（3）根据小组讨论确定的各个环节的用时，制定具体施工工序及完成的时间点，填写表 2-2-3。

表 2-2-3　　工序及工期安排

序号	工作内容	完成时间	备注

（4）根据小组讨论确定的结果，制定作业现场安全防护措施。

学习活动3　现 场 施 工

学习目标

1. 能按规程应用必要的安全隔离措施和安全标志，准备现场工作环境。

2. 能根据任务需要完成元件和材料的检查、加工及安装等工作。

3. 能按照图纸要求、配电箱电气安装规范工艺要求、世界技能大赛电气安装技术标准和场地情况，运用线路明敷、捆扎、线槽布线等工艺，完成施工任务。

4. 施工后，在通电之前，能正确使用仪表检查电气装置，包括绝缘电阻检查、接地连续性检查、极性检查和目测检查，并排除相应故障。

5. 能按相关技术指标要求，通电检查所安装设备的所有功能，以确保装置的正确运行。

6. 能在作业过程中严格执行企业操作规范、安全生产制度、环保管理制度以及6S管理规定，严格遵守从业人员的职业道德，具有吃苦耐劳、爱岗敬业的工作态度，精益求精的质量管控意识和职业责任感。

7. 作业完毕后，能按车间现场6S管理和产品工艺流程的要求，清点、整理工具，收集剩余材料，清理工程垃圾，拆除防护措施，整理现场。

建议学时：26学时

学习过程

一、现场施工准备

回顾前面任务的施工过程，在施工开始前，应做哪些准备工作和安全防范措施?

二、电气元件安装

1．材料检查与加工

材料检查与加工的方式与上一任务基本一致，结合本任务情况与图纸，本任务需要打孔的元件与材料有哪些?

2．定位与箱体安装

（1）挂壁式配电箱可采用膨胀螺栓固定在墙上，螺栓长度一般为埋入深度（75 ~ 150 mm）、箱底板厚度、螺母和垫圈的厚度之和，再加上______mm 左右的“出头余量”。另外，按照世赛技术文件规定，墙面不能出现多余的孔。

（2）安装配电箱应横平竖直，垂直偏差不应大于______mm。

3．板内与箱门元件安装

（1）电气元件在安装板上的安装方法与上一任务基本一致，不同的是本任务增加了二次回路元件的安装。为了使用方便，电流表、电压表、低压转换开关、电源指示灯等二次电气元件均需安装在箱门上。查阅相关资料，描述箱门电气元件共同的基本安装方式。

（2）查阅相关资料，如在箱门内侧采用线槽敷线或缠绕管捆扎敷线时，如何固定线槽或缠绕管线束?

三、电气线路布设与接线

与前面的任务相比，本任务将增加大量二次回路线路的布设与安装，并运用了捆扎、线槽、缠绕管等敷线工艺要求。

1．查阅相关资料，简述线槽敷线的工艺要求。

2．查阅相关资料，简述缠绕管敷线的工艺要求。

3．号码管套放样例如图 2–3–1 所示，查阅相关资料，简述为导线套放号码管的工艺要求。

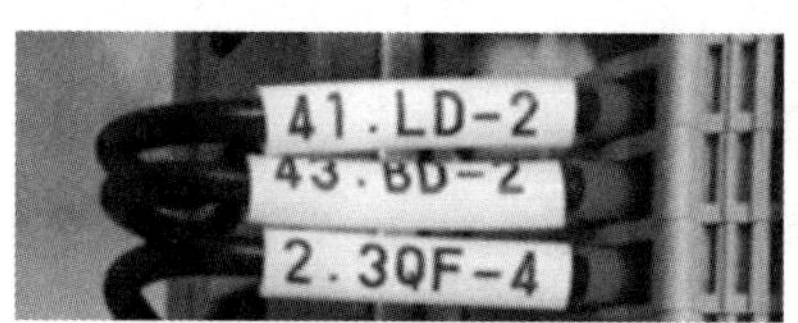

图 2–3–1　号码管套放样例

4．配电箱箱门跨接线束可使用专用缠绕管，如图 2–3–2 所示。查阅相关资料，简述用缠绕管敷设配电箱箱门跨接线束时的工艺要求。

图 2–3–2　箱门跨接线束专用缠绕管

5．导线接入箱门电气元件节点时应美观、规范，如图 2–3–3 所示。查阅相关资料，简述导线接入箱门电气元件节点时的工艺要求。

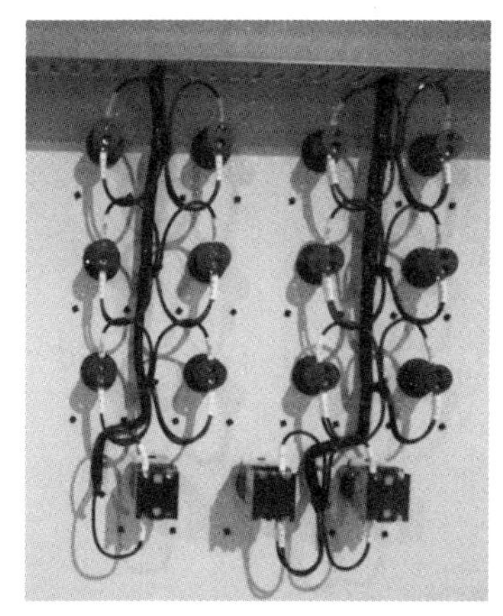

图 2–3–3　导线接入箱门电气元件节点的工程案例

四、固定安装板，粘贴标签与标牌框，清理箱内

1．各步骤处理方法与学习任务一大致相同，查阅相关资料，写出矩形标牌框的安装方法。

2．电流互感器的二次绕组接地处应设有耐久的＿＿＿＿＿＿＿。

五、回顾、思考，总结问题

在整个安装过程中遇到过什么问题？是如何解决的？在表 2-3-1 中记录下来。

表 2-3-1　　安装过程中遇到的问题和解决方法

所遇问题	解决方法

六、安全测试与通电调试

1．施工完毕，先参照学习任务一进行直观检查，然后进行安全测试。闭合开关，装入信号回路熔断器，利用万用表实际测量每相导线进出点、N 线进出点的通断情况和二次回路引出点与元件接入点间的通断情况，将测量结果填入表 2-3-2 中。

表 2-3-2　　线路导通情况记录表

测量位置	线路状态（正常 / 不正常）	解决措施

2．在世界技能大赛“电气装置”项目中，接地连续电阻是一个重要的评价指标，按照技术文件，主接地端和装置上所需接地的任意一点之间的接地连续电阻不能超过 0.5 Ω。实际测量地排与 SPD 接地端、电流互感器二次接地端、箱体、箱门间的接地连续电阻情况，将测量结果填入表 2-3-3 中。

表 2-3-3　　箱内接地情况记录表

测量位置	实际测量值 /Ω	理论值 /Ω	状态 （正常 / 不正常）	解决措施
		≤ 0.5		
		≤ 0.5		
		≤ 0.5		
		≤ 0.5		
		≤ 0.5		
		≤ 0.5		

3．检查设备的相间和相对地的绝缘电阻是否合格，包括：在开关断开时，同极的每个开关的进线端及出线端之间；在开关闭合时，不同极的带电部件之间和一、二次回路之间；在开关闭合时，一、二次回路相线与零线、地线、金属外壳之间。世赛相关技术文件要求："任意带电导体与任意接地导体之间的最小电阻不能小于 1 MΩ，使用绝缘电阻测试仪，用 500 V 直流电压进行测试。"利用兆欧表进行实际测量，并将测量结果填入表 2-3-4 中。

表 2-3-4 绝缘电阻情况记录表

测量位置	所涉及开关文字符号	开关状态（闭合/断开）	实际测量值/MΩ	理论值/MΩ	线路状态（正常/不正常）	解决措施
				≥ 1		
				≥ 1		
				≥ 1		
				≥ 1		
				≥ 1		
				≥ 1		
				≥ 1		
				≥ 1		
				≥ 1		
				≥ 1		
				≥ 1		
				≥ 1		
				≥ 1		
				≥ 1		
				≥ 1		
				≥ 1		
				≥ 1		
				≥ 1		
				≥ 1		

4．断电测试无误后，经教师同意，可进行通电调试。按要求进行通电调试，并将结果填入表 2–3–5 中。注意初次通电检查时不要同时闭合两个及两个以上回路。

表 2–3–5　通电调试情况记录表

测试项目	测试结果（正常 / 不正常）	故障现象	故障原因	检修过程
按顺序闭合断路器，查看断路器在带电状态下分合动作是否运动灵活				
按顺序闭合断路器，查看电源指示及相序是否正确				
按顺序闭合断路器，查看电压是否正确，查看各相电压测量是否正常				
按顺序闭合断路器并连接试验电动机时，查看电路功能是否正常，查看各相电流测量是否正常，并与试验电动机额定数据进行比对				
对各开关连续合闸与分闸 5 次，查看开关的响应是否正常				
在开关合闸状态下，检验漏电试验时开关是否能顺利跳闸				

七、连接进出线缆，清理现场并交验

1．查阅相关资料，描述配电箱（柜）进出线线缆的工艺要求。

2．施工完毕后，应进行现场清理，并按照工作任务联系单要求交付验收负责人验收，填写表 2-3-6 所示项目验收评价表，并补全学习活动 1 中工作任务联系单的相应内容。

表 2-3-6　　项目验收评价表

项目	验收评价意见		
	合格	不合格	存在的问题
电气元件的选择			
电工材料的选择与加工			
电工工具和防护措施的选择			
布局、尺寸与原理的按图施工情况			
电气元件安装工艺情况			
电气线路布设工艺情况			
标签和标牌框的粘贴工艺情况			
安全测试的情况			
通电调试的情况			

3．验收负责人还提出了哪些意见或建议？你是如何回答的？

学习活动 4　工作总结与评价

学习目标

1. 施工项目验收后，能以小组形式，积极主动地展示和汇报工作成果。

2. 能完成对学习过程的综合评价。

建议学时：4 学时

学习过程

一、工作总结

以小组为单位，选择演示文稿、展板、海报、录像等形式中的一种或几种，向全班展示、汇报学习成果。

二、综合评价

以小组为单位，展示本组成果。根据表 2–4–1 中评分标准进行评分。

表 2–4–1　　评分标准

序号	项目	配分	技术要求与评分标准	现场记录与评分			
				现场记录	自我评价	小组评价	教师评价
1	健康与安全（7 分）	2	施工过程中正确设置相应的安全标志，正确穿戴工作服等安全防护用品，无违反健康与安全要求的行为。每违反一项，扣 0.5 分				
		1	施工过程中及施工结束后始终保持场地整洁。每出现一处不符合要求，扣 0.5 分				
		2	插座、浪涌保护器、二次回路、箱体、柜门等设备正确接地，通过地排进出。每出现一项错误，扣 0.5 分				
		2	需要接入中性线的电气元件正确接零，通过零排进出。每出现一项错误，扣 0.5 分				

续表

序号	项目	配分	技术要求与评分标准	现场记录与评分			
				现场记录	自我评价	小组评价	教师评价
2	安全测试（7分）	3	正确测试各接地连续电阻且方法正确。每出现一项错误，扣1分				
		3	正确测试各绝缘电阻且方法正确。每出现一项错误，扣1分				
		1	正确填写安全测试报告。每出现一项错误，扣0.5分				
3	通电调试（23分）	3	通电调试操作方法正确。错误，不得分				
		20	通电调试成功且功能正确，无须再次通电，得满分 第二次通电调试成功且功能正确，得11分 第二次通电调试未成功或功能不正确，不得分				
4	电路设计（13分）	1	电气元件布局正确、有序。有安全隐患，不得分				
		2	断路器容量与型号选用正确。每出现一项错误，扣1分				
		2	一次回路除断路器外的电气元件的容量与型号选用正确。每出现一项错误，扣0.5分				
		2	二次回路的电气元件的容量与型号选用正确。每出现一项错误，扣0.5分				
		2	一次回路导线颜色和规格选用正确。每出现一项错误，扣0.5分				
		2	二次回路导线颜色和规格选用正确。每出现一项错误，扣0.5分				
		2	零线和地线导线颜色和规格选用正确。每出现一项错误，不得分				
5	尺寸测量（6分）	0.5	按图施工，安装板的安装孔尺寸测量正确。只要有一处误差超过5 mm，不得分				
		1.5	按图施工，电气元件导轨安装孔尺寸测量正确。每处误差超过5 mm，扣0.5分				
		4	按图施工，电气元件的安装尺寸测量正确。每处误差超过5 mm，扣1分				
6	元件与设备的安装（20分）	16	所有电气元件与电气材料固定牢固，无晃动或移动，线槽盖板安装完好。每出现一处不符合要求，扣4分				
		2	安装板固定牢固无晃动。不符合要求，不得分				
		2	元件标签、标牌框与安全标志正确齐全。每出现一处不符合要求，扣0.5分				

续表

序号	项目	配分	技术要求与评分标准	现场记录与评分			
				现场记录	自我评价	小组评价	教师评价
7	布线与终端（21分）	2	整体布线布局合理，整齐、美观，走线成束，线束弯曲半径均匀，满足明敷、捆扎和线槽敷设工艺要求。每出现一处不符合要求，扣1分				
		10	所有导线正确终止，无松动与漏铜，导线外表无伤痕。每出现一处不符合要求，扣2分				
		2	绑扎带绑扎正确，使用合理，切断后不割手且留余，并小于1 mm。每出现一处不符合要求，扣0.5分				
		2	线槽内导线余量适中，无打结、缠绕、接头现象。每出现一处不符合要求，扣0.5分				
		1	缠绕管敷线应满足工艺要求，不得过分扭曲，线束弯曲半径不得小于线束外径的两倍。每出现一处不符合要求，扣0.5分				
		2	所有终端号码管齐全。每出现一处不符合要求，扣0.2分				
		1	导线不能交叉进入元件，导线弯曲半径均匀。每出现一处不符合要求，扣0.5分				
		1	进出电缆的连接和敷设符合工艺要求。每出现一处不符合要求，扣0.5分				
8	电气材料加工工艺（3分）	1	电气材料的钻孔、攻螺纹符合工艺要求。每出现一处不符合要求，扣0.5分				
		1	导轨的落料符合工艺要求，无毛刺。每出现一处不符合要求，扣0.5分				
		1	线槽的加工符合工艺要求，连接整齐、拼接无缝隙、光滑无毛刺。每出现一处不符合要求，扣0.5分				
总配分		100	总得分	/			

世赛知识

世界技能大赛参赛选手训练方法

世界技能大赛参赛选手的训练，主要包括以下四个方面。

首先，要及时收集大赛信息，全面理解竞赛规则。

为了保证竞赛的顺利进行，世界技能大赛大赛组委会在其官方网站上公布大赛相关文件，主要有《世界技能大赛规则》《技术说明》《安全与职业健康规定》《技能管理计划》《基础设施清单》等。及时下载并翻译公布的文件资料，准确理解大赛的组织程序、竞赛内容和技术要求，才能科学制定训练方案，把握好训练重点和难点。同时要及时关注官方论坛，遇到技术问题时及时在论坛中提出，不遗漏有益于训练的信息，及时深入了解和把握世界技能大赛规则和技术标准。

其次，要科学制定训练方案，提高综合素质。

在制定训练方案前，应根据技术说明和技能标准要求，将技能点进行分解归类，同时要考虑相关联的技能点，形成完成项目所需的操作技能点，制定具体的技能标准，再对操作工艺进行优化完善，最终形成适合参赛者个人能力的工艺方法。

再次，要注重细节，强化质量与安全意识。

世界技能大赛主要注重选手的安全和质量意识，训练过程中除了要加强基本功练习，矫正不良习惯和错误动作，还要培养良好的质量意识。先开展单一技能练习，再开展复合技能训练；先进行单项技能练习，再进行综合功能训练；先满足精度要求，再满足速度要求。训练条件反射的本能，明确每个环节的标准，每项任务施工完成后，快速进行检查复核，确保每个工艺要点不丢分、少丢分。

最后，要积极创新训练方法，提高实战能力。

从实战出发，突出训练的针对性和有效性，着力解决薄弱环节和提高关键技术环节的得分能力。合理把握节奏与强度，从训练的每个操作程序、每个动作、每个细节抓起，大到项目整体要求，小到得分技巧，对每个关键环节进行分析研究，找准问题，及时调整训练计划，将竞技状态在参赛前调整到最佳。强化心理素质的训练，注重对环境的适应能力训练，采取集中封闭与异地训练相结合的方法开展异地训练考核，提高实战经验。积极进行心理辅导，结合实际训练情况和心理专家的建议，调整训练方法。

学习任务三　落地式配电柜安装与调试

学习目标

1. 能根据工作任务联系单，明确工时、工作内容等要求。

2. 能正确识读电路图，并通过勘察施工现场，准确描述现场特征，取得必要的资料、数据。

3. 能正确识别刀熔开关、电能表、电能表接线盒、母排等元件、仪表和材料，了解其选择方法与安装使用方法。

4. 能根据勘察现场的结果和任务要求，完善施工设计，绘制相关图纸，选择电气元件、电工工具和电工材料，制订工作计划。

5. 能按规程应用必要的安全隔离措施和安全标志，准备现场工作环境。

6. 能根据任务需要，完成元件和材料的检查、加工及安装等工作，包括使用切排机、弯排机、母排冲孔机等设备完成母排的加工。

7. 能按照图纸要求、配电柜电气安装规范工艺要求、世界技能大赛电气安装技术标准和场地情况，运用线路明敷、捆扎、线槽布线等工艺，完成施工任务。

8. 施工后，在通电之前，能正确使用仪表检查电气装置，包括绝缘电阻检查、接地连续性检查、极性检查和目测检查，并排除相应故障。

9. 能按相关技术指标要求，通电检查所安装设备的所有功能，以确保装置的正确运行。

10. 能在作业过程中严格执行企业操作规范、安全生产制度、环保管理制度以及6S管理规定，严格遵守从业人员的职业道德，具有吃苦耐劳、爱岗敬业的工作态度，精益求精的质量管控意识和职业责任感。

11. 作业完毕后，能按车间现场6S管理和产品工艺流程的要求，清点、整理工具，收集剩余材料，清理工程垃圾，拆除防护措施，整理现场。

12. 施工项目验收后，能以小组形式，积极主动地展示和汇报工作成果，完成对学习过程的综合评价。

建议学时

80学时

工作情境描述

某工厂进行机械加工车间的扩容改造，需同步扩容车间配电柜。配电柜为落地式，要求扩容前后的柜体及其位置不变。项目部向电工班下达安装任务，工期为 24 h，任务完成后交项目部验收。

工作流程与活动

1．明确任务和勘察现场

2．施工前的准备

3．现场施工

4．工作总结与评价

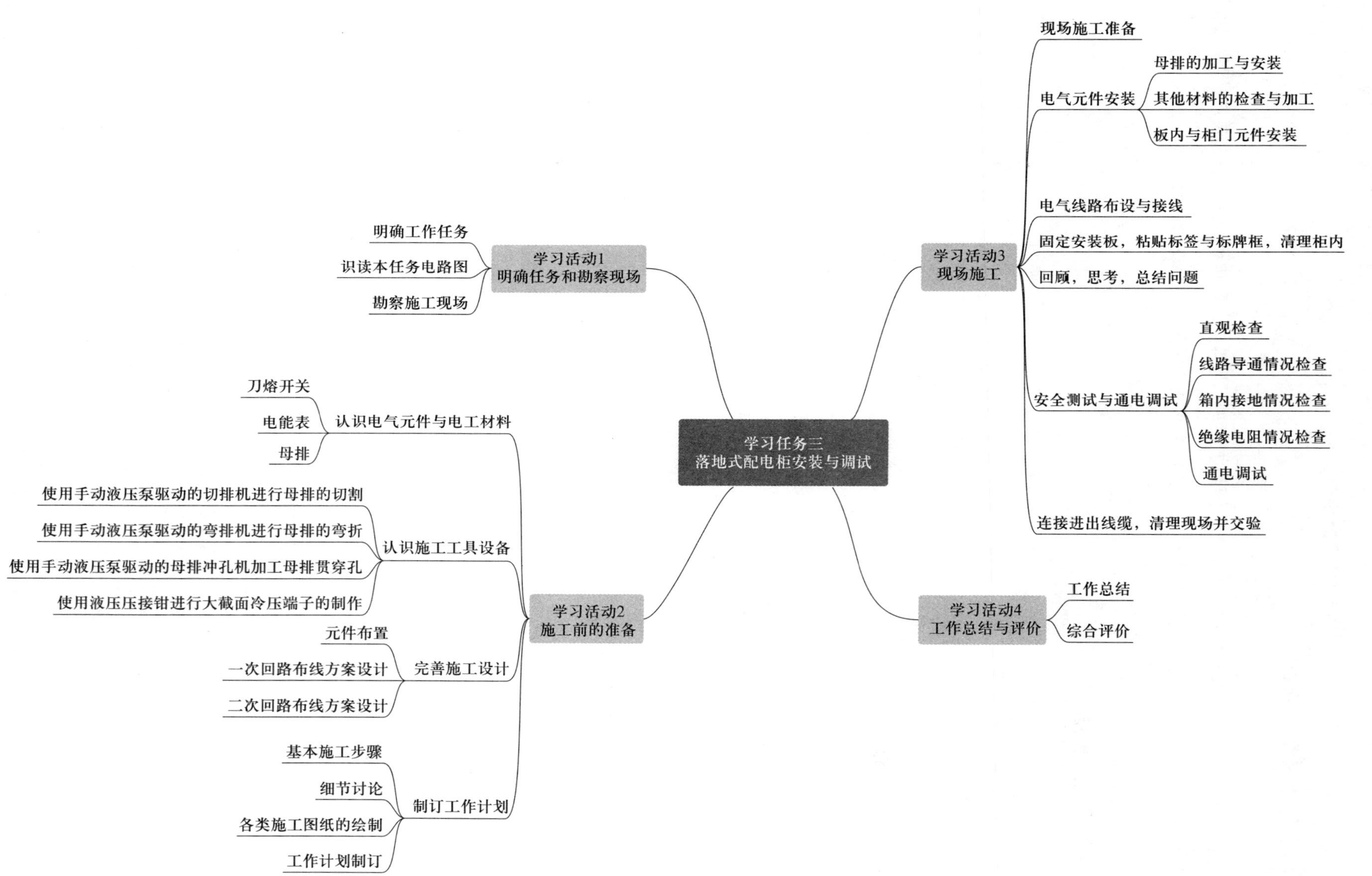
学习任务三
落地式配电柜安装与调试
学习活动1
明确任务和勘察现场
明确工作任务
识读本任务电路图
勘察施工现场
学习活动2
施工前的准备
认识电气元件与电工材料
刀熔开关
电能表
母排
认识施工工具设备
使用手动液压泵驱动的切排机进行母排的切割
使用手动液压泵驱动的弯排机进行母排的弯折
使用手动液压泵驱动的母排冲孔机加工母排贯穿孔
使用液压压接钳进行大截面冷压端子的制作
完善施工设计
元件布置
一次回路布线方案设计
二次回路布线方案设计
制订工作计划
基本施工步骤
细节讨论
各类施工图纸的绘制
工作计划制订
学习活动3
现场施工
现场施工准备
电气元件安装
母排的加工与安装
其他材料的检查与加工
板内与柜门元件安装
电气线路布设与接线
固定安装板，粘贴标签与标牌框，清理柜内
回顾，思考，总结问题
安全测试与通电调试
直观检查
线路导通情况检查
箱内接地情况检查
绝缘电阻情况检查
通电调试
连接进出线缆，清理现场并交验
学习活动4
工作总结与评价
工作总结
综合评价

学习活动 1　明确任务和勘察现场

学习目标

1. 能根据工作任务联系单，明确工时、工作内容等要求。

2. 能正确识读电路图。

3. 能勘察施工现场，正确描述现场特征，取得必要的资料、数据。

建议学时：6 学时

学习过程

一、明确工作任务

阅读工作任务联系单（表 3–1–1），以小组为单位讨论其内容，提炼主要信息，完成下列内容。

表 3–1–1　　工作任务联系单　　编号：

工作任务	落地式配电柜安装与调试		
工作任务详情	为待扩容的车间进行落地式配电柜的扩容，扩容前后的柜体及其位置不变		
任务工期	24 h	验收单位	项目部
承接单位	电工班	施工负责人	
施工人员			
任务开工时间		任务完工时间	
验收意见			
施工负责人签字		验收负责人签字	

1．该项工作的主要内容是＿＿＿＿＿＿＿＿＿＿＿。

2．该项工作所需安装的设备，其应用地点的性质是＿＿＿＿＿＿＿。

3．该项工作的任务工期是＿＿＿＿＿。

4．该项工作交给你和同组人，你们的角色是______。

5．该项工作完成后，应交给______进行验收。

参考资料

机械与电气识图（第四版）

第五章　典型电气图的识读

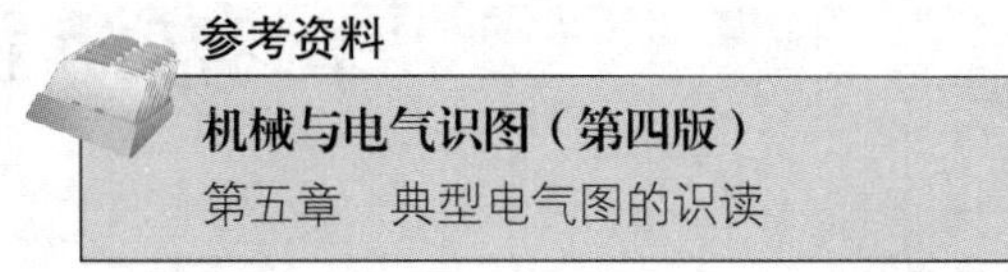

二、识读本任务电路图

本任务的电气原理图如图 3-1-1 所示。

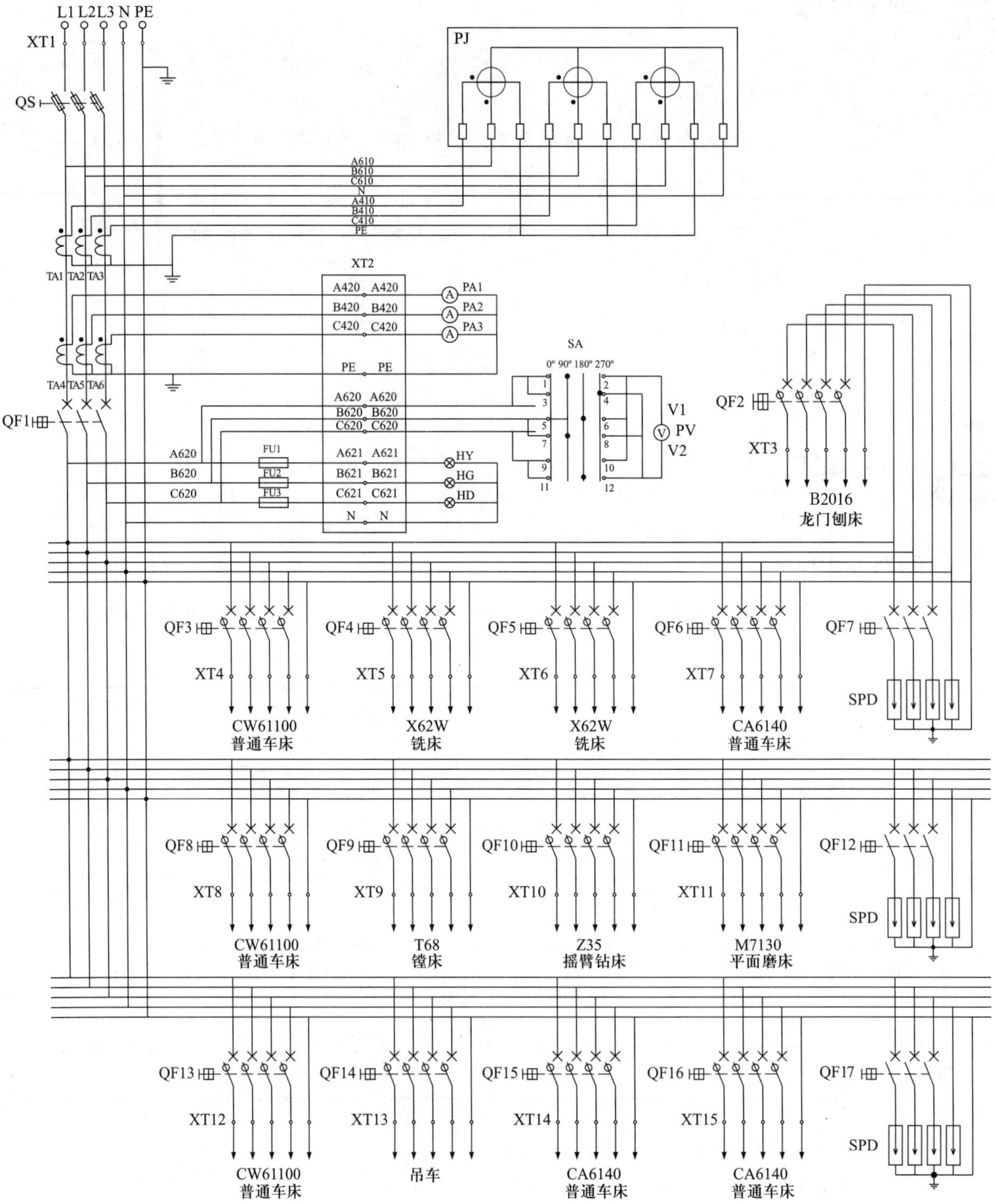

图 3-1-1　本任务电气原理图

1．识读本任务电气原理图（图 3–1–1），查阅相关资料，补全表 3–1–2。

表 3–1–2　　元件文字符号和图形符号

元件名称	文字符号	图形符号	元件名称	文字符号	图形符号
低压刀熔开关			电能表		

2．本任务所采用的落地式配电柜，为电力负荷端常用的 XL–21 系列动力配电柜，项目提供的落地式配电柜柜体外观如图 3–1–2 所示。该柜柜体额定工作电压小于 400 V，额定工作电流小于 630 A，外壳防

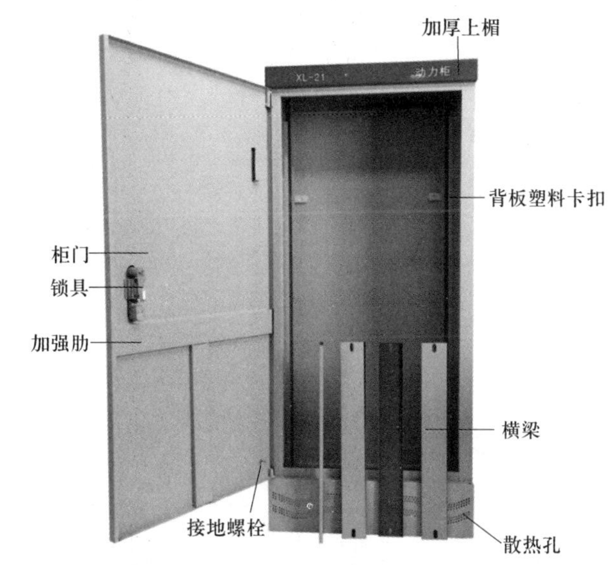

a)

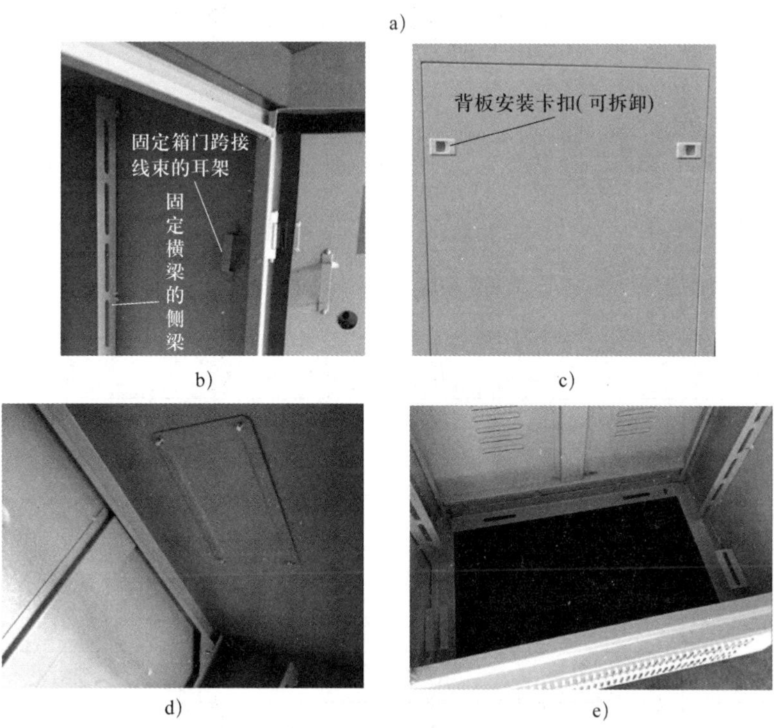

b)　c)　d)　e)

图 3–1–2　项目提供的落地式配电柜柜体外观示例

a）柜体全貌　b）侧梁骨架　c）背板安装卡扣　d）顶部进出线孔　e）柜体底部

护等级一般为 IP30。其结构紧凑，一般普通型（柜顶无母排）柜体高度为 1 000 ~ 1 800 mm，柜宽一般为 600 mm、700 mm 或 800 mm，柜深一般为 370 mm，特殊需求下可加深。箱体用型钢做框架，前门、侧封板、后背板均为可拆式。横梁及侧梁均可以调节，需要时可加装安装板。柜门一般安装各类测量仪表、低压开关、控制按钮和指示灯，也可按需求加装隔离开关的操作手柄。可根据不同的使用环境来决定进出线电缆进入箱体的位置，开进出线孔，通用性强，也可多台组合使用。

查阅相关资料，何为 IP 等级标准？ IP30 表示怎样的等级？

三、勘察施工现场

施工前，在对工作任务和图纸了解清楚后，还应到任务现场进行实地勘察，核对任务要求与图纸，记录相关技术参数，为后面开展施工做好准备。本任务所带负荷的电气参数见表 3–1–3。

表 3–1–3　本任务所带负荷的电气参数

设备名称	台数	单台额定功率 P_e /kW	效率	功率因数	需要系数
CA6140 普通车床	3	7.6	0.89	0.81	0.3
CW61100 普通车床	3	23.7	0.88	0.82	
Z35 摇臂钻床	1	8.5	0.87	0.82	
M7130 平面磨床	1	7.6	0.88	0.82	
T68 镗床	1	9.8	0.86	0.80	
X62W 铣床	2	10.12	0.87	0.82	
B2016 龙门刨床	1	66.8	0.86	0.81	
5 t 吊车	1	10.2	0.82	0.65	

1．查阅相关资料，根据负荷计算的相关知识，进行本任务所带负荷的负荷计算。

参考资料

企业供电系统及运行（第六版）
§3-5　电力负荷及其计算

2．通过观察电气原理图和勘察施工现场，结合本任务的特点，你认为进出线电缆从何位置进入柜体更符合实际需求?

学习活动 2　施工前的准备

学习目标

1. 能正确识别刀熔开关、电能表、电能表接线盒、母排等元件、仪表的材料，了解其选择方法与安装使用方法。

2. 能正确使用切排机、弯排机、母排冲孔机等设备完成母排的加工。

3. 能根据勘察现场的结果和任务要求，完善施工设计，绘制相关图纸，选择电气元件、电工工具和电工材料，制订工作计划。

建议学时：28 学时

学习过程

一、认识电气元件与电工材料

1．认识刀熔开关

刀熔开关的外观如图 3–2–1 所示，查询相关资料，学习刀熔开关的相关知识，回答下列问题。

图 3–2–1　刀熔开关

（1）简述刀熔开关的作用。

（2）常用刀熔开关有 HR3 型等，简述 HR3 型刀熔开关的使用注意事项。

2．认识电能表

电能表是用来测量电能的仪表，又称电度表，如图 3–2–2 所示。查阅相关资料，学习电能表的相关知识，回答下列问题。

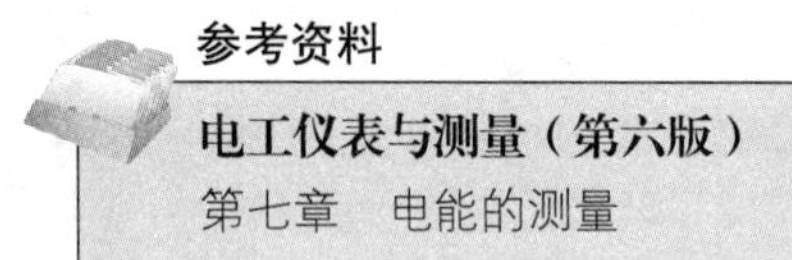

参考资料

电工仪表与测量（第六版）
第七章　电能的测量

图 3–2–2　各种类型的电能表

（1）电能表的常见种类有哪些?

（2）现有一电能表，其铭牌数据为：DTS634，3×220/380 V，3×1.5（6）A，50 Hz，1 800 imp/kW·h，写出它们的含义。

（3）画出三相四线电能表“三瓦表法”的接线原理图。

（4）电能表的接入方法有两种，分别是直接接入式和经互感器接入式，它们分别适用于哪些场合？

（5）简述电能表经互感器接入具有哪些优点。

（6）绘制三相四线制用户端经互感器接入式电能表的接线方式示意图，并练习接线。

（7）为了使检测和拆换电能表时不停电，连接电能表时可采用电能表接线盒，如图 3–2–3 所示。电能表接线盒是电能计量装置标准接线中的专用接线盒，起接线和安全保护作用，通过透明的防尘盖可直接观察到内部各元件及端子状态。

图 3–2–3　电能表接线盒

1）查阅相关资料，绘制使用电能表接线盒的三相四线制用户端经互感器接入式电能表的接线方式示意图。

2）查阅相关资料，简述电能表接线盒中纵向连片和横向连片的作用。

3．认识母排

参考资料

电工材料（第五版）
§2-4　电气装备用电线电缆

在配电线路中，经常会利用各类线状金属导体代替导线敷设于各并联载流支路的汇总点等电流和功率较大的场合，俗称母排。母排敷设的部分工程案例如图 3-2-4 所示。查阅相关资料，学习母排的相关知识，回答下列问题。

图 3-2-4　母排敷设工程案例

（1）简述母排的型号标示方法。

（2）写出 TMY 型母线的型号含义与常用规格。

二、认识施工工具设备

由于配电柜内电气元件的位置不一且空间有限，母排安装与连接前需要先对母排进行各种加工，包括切断、弯折和冲孔等。加工母排的主要设备有切排机、弯排机和母排冲孔机等，也有多功能一体机。这些设备均利用液压系统的动力进行工作，其整体结构包括工作部件和液压驱动机构。

母排加工设备常用的液压驱动机构有手动液压泵、脚踏液压泵、电动液压泵、电磁阀液压泵等，如图 3-2-5 所示。

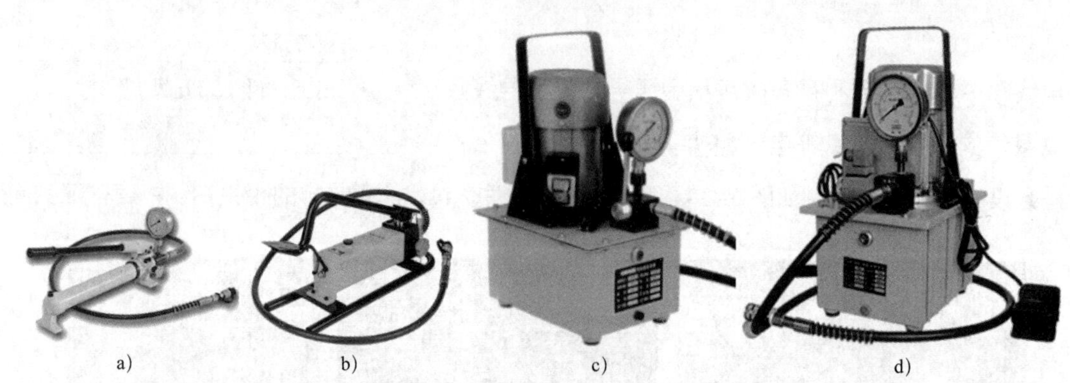

图 3-2-5　母排加工设备的液压驱动机构

a）手动液压泵　b）脚踏液压泵　c）电动液压泵　d）电磁阀液压泵

1．练习使用手动液压泵驱动的切排机进行母排的切割

母排的切割一般由切排机完成，切排机的工作部件如图 3-2-6 所示。查询相关资料，学习切排机的相关知识，回答下列问题。

图 3-2-6　切排机的工作部件

（1）简述利用手动液压泵驱动的切排机进行母排切割时的工作步骤。

（2）简述利用手动液压泵驱动的切排机进行母排切割时的注意事项。

2．练习使用手动液压泵驱动的弯排机进行母排的弯折

在实际应用中，配电柜内母排的弯折分为平弯、立弯和扭弯（麻花弯），如图 3-2-7 所示，一般使用弯排机进行加工。

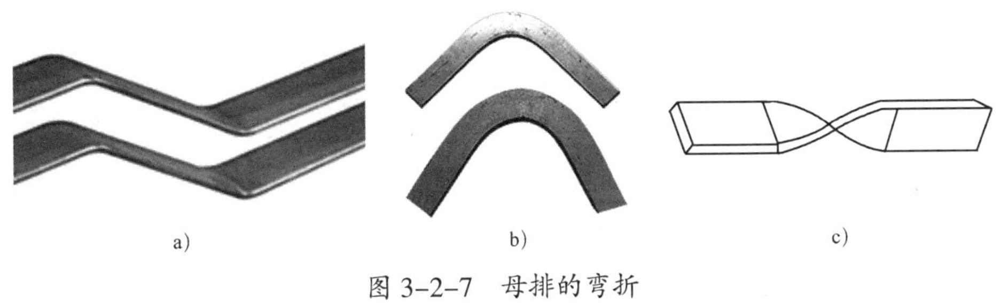

a)　b)　c)

图 3-2-7　母排的弯折

a）平弯　b）立弯　c）扭弯

弯排机，又称为折弯机、折排机，其工作部件可分为卧式平弯、立式平弯和平立弯一体三种，如图 3-2-8 所示。查询相关资料，学习弯排机的相关知识，回答下列问题。

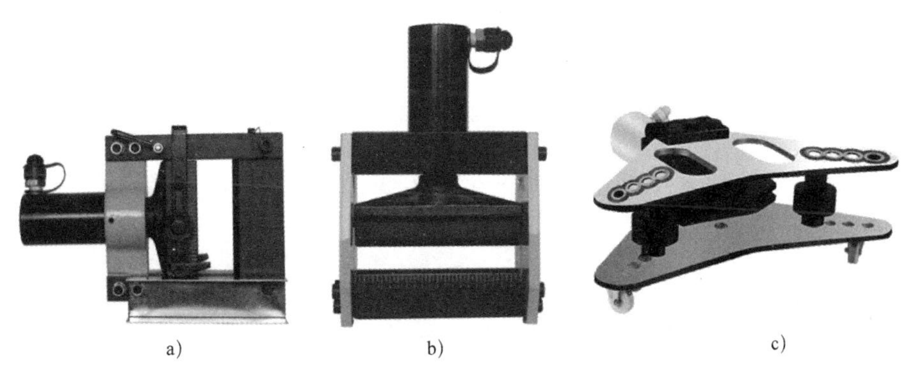

a)　b)　c)

图 3-2-8　弯排机的工作部件

a）卧式平弯　b）立式平弯　c）平立弯一体

（1）平弯折弯机和平立弯一体弯排机在实际应用中如何选用?

（2）简述矩形铜母排在弯折时，弯曲半径的要求和注意事项。

（3）简述矩形铜母排在弯折平弯时，弯曲处设置的要求。

（4）简述利用手动液压泵驱动的平弯折弯机进行矩形母排弯折时的工作步骤。

（5）简述利用手动液压泵驱动的平弯折弯机进行矩形母排弯折时的注意事项。

3．练习使用手动液压泵驱动的母排冲孔机加工母排贯穿孔

母排冲孔机适用于各种铜、铝排的打孔作业，其工作部件及相关辅件如图 3-2-9 所示。

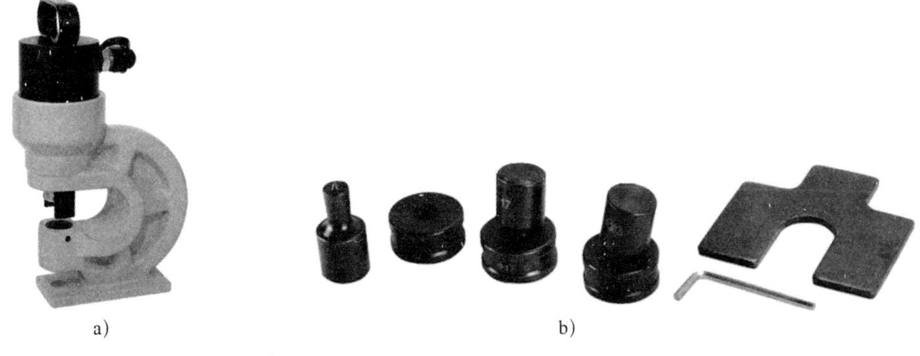

a）　　b）

图 3-2-9　母排冲孔机工作部件及相关辅件

a）母排冲孔机工作部件　b）冲模、拆模工具和薄板辅料板

查阅相关资料，简述利用手动液压泵驱动的母排冲孔机进行母排贯穿孔加工时的工作步骤。

4．练习使用液压压接钳进行大截面冷压端子的制作

大截面冷压端子的压接一般由液压压接钳完成，如图 3–2–10 所示。

图 3–2–10　液压压接钳及其模具

（1）查阅相关资料，简述利用液压压接钳进行大截面冷压端子压接的方法。

（2）在液压压接钳的使用过程中，若压接工作已到位，仍继续摇动手柄会出现什么现象?

三、完善施工设计

根据《低压配电设计规范》（GB 50054—2011）、《低压成套开关设备和控制设备》（GB/T 7251）、《低压开关设备和控制设备》（GB/T 14048）、《电气装置安装工程　低压电器施工及验收规范》（GB 50254—2014）与相关世赛技术说明和评分标准，在移动式施工用开关箱和挂壁式配电箱的基础上，落地式配电柜的元件布置和布线方案在设计方面有很多其他要求，查阅相关资料，回答以下问题。

1．元件布置

（1）根据相关要求，配电柜上的电气元件主体最高不得大于____m，最低不得小于____m。

（2）在被测电流较大的场合，电流表和电能表电流线圈均会采用经互感器接入的方式。查阅相关资料，测量用电流互感器和计量用电流互感器有无区别？如有，区别是什么?

（3）在本任务中，既有电流的测量，又有电能的计量，查阅相关资料，简述应如何设置电流互感器。

2．一次回路布线方案设计

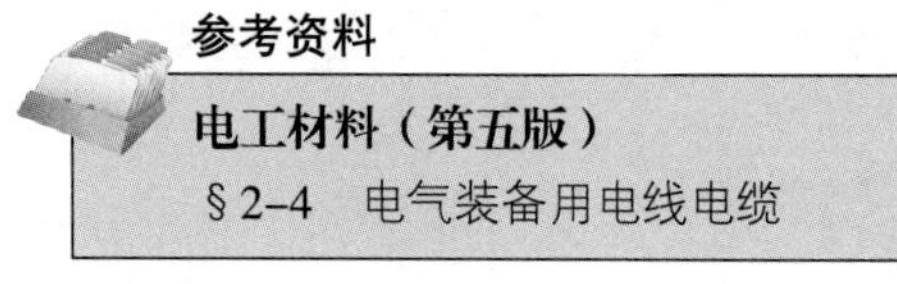

（1）依照负荷计算结果，设计 CA6140 普通车床支路和 B2016 龙门刨床支路的进出线缆（相线、中性线、PE 线）敷设方案，确定导线型号。

（2）依照负荷计算结果，本任务配电柜总计算电流较大，以明敷、环境温度 40 ℃为参照时，至少需要 35 mm^2 及以上线缆。而在配电柜内，电源断路器出线将敷设至各个支线断路器，大量较大截面的导线将严重占用柜内空间、增加敷设难度、增加导线接入元件的难度，并降低安全性。查阅相关资料，简述解决方法。

（3）查阅相关资料，简述配电柜内矩形铜母排设置的原则。

（4）查阅相关资料，简述矩形铜母排 TMY 截面的确定方法。

（5）查阅相关资料，当零线也使用矩形铜母排代替时，简述其截面确定方法。

3．二次回路布线方案设计

二次回路导线应尽量不与一次回路或其他电压等级回路的导线同槽敷设。在一次回路导线选用线槽敷线，且柜内安装空间有限的情况下，为柜内二次回路导线选择布线方案。

四、制订工作计划

根据施工任务的资料信息，结合已知参数与现场勘察的实际情况，讨论并制订本小组的工作计划，合理选择任务所需的电气元件、电工工具和电工材料，绘制本任务的各类施工图纸，并补填学习活动 1 中工作任务联系单的相关内容。

1．此类任务的基本施工步骤

此类任务的基本施工步骤包括：

（1）选择电气元件、材料与工具，并领取、查验、按需加工；

（2）根据安装布置图，在柜体侧梁上固定横梁，敷设柜内和柜门上的导轨、走线槽和二次端子用导轨斜面支架；

（3）敷设柜内和柜门上的电气元件；

（4）母排的敷设；

（5）对一次回路进行布设；

（6）对柜内二次回路进行布设；

（7）对柜门跨接线束、柜门内二次回路和各接地线进行布设；

（8）粘贴标签和标牌框，并清理柜内；

（9）通电前进行安全测试；

（10）通电调试；

（11）连接进出线缆，清理现场。

2．细节讨论

明确基本施工步骤后，根据本任务的具体情况，进行小组讨论并确定以下几方面的内容：

（1）人员的基本分工；

（2）本任务中低压配电系统所采用的接线方式和敷线形式；

（3）本任务所涉及的电气元件、电工工具和电工材料；

（4）本任务的各类施工图纸；

（5）每个环节所需要用到的工具和材料；

（6）各个环节的用时；

（7）有交叉作业情况时的人员、材料安排；

（8）作业现场安全防护措施。

3．本任务各类施工图纸的绘制

查阅相关资料，结合为本任务选择的电气元件和电工材料，分别绘制出本任务的箱内元件布置图、箱门元件布置图、一次回路安装接线图和二次回路安装接线图。

参考资料

机械与电气识图（第四版）
第五章　典型电气图的识读

4．工作计划制订

将以上内容的讨论结果进行归纳整理，制订本小组的工作计划。

（1）根据小组讨论确定的施工负责人和小组成员分工，填写表 3-2-1。

表 3-2-1　　小组成员分工

姓名	分工

（2）根据小组讨论确定的主要电气元件、电工工具和电工材料，填写表 3-2-2。

表 3-2-2　　施工所需主要电气元件、电工工具和电工材料清单

序号	元件、工具或材料名称	型号	单位	数量	备注
1	落地式配电柜	1 800 mm × 700 mm × 400 mm，附龙骨、可拆卸横梁，带单开箱门，带 MS304-A 按钮式箱门门锁，箱门带点焊螺柱，后背板可拆卸	个	1	
2	手动液压泵	CP700	个	1	
3	液压切排机	CWC-150	台	1	
4	平弯折弯机	CB150D	台	1	
5	母排冲孔机	CH-60	台	1	
6	试验电动机	Y80M2-4，380 V，50 Hz，750 W，1.57 A，1 390 r/min	个	1	

（3）根据小组讨论确定的各个环节的用时，制定具体施工工序及完成的时间点，填写表 3-2-3。

表 3-2-3　　工序及工期安排

序号	工作内容	完成时间	备注

（4）根据小组讨论确定的结果，制定作业现场安全防护措施。

学习活动3 现场施工

学习目标

1. 能按规程应用必要的安全隔离措施和安全标志，准备现场工作环境。

2. 能根据任务需要，完成包括母排在内的各种元件和材料的检查、加工及安装。

3. 能按照图纸要求、配电柜电气安装规范工艺要求、世界技能大赛电气安装技术标准和场地情况，运用线路明敷、捆扎、线槽布线等工艺，完成施工任务。

4. 施工后，在通电之前，能正确使用仪表检查电气装置，包括绝缘电阻检查、接地连续性检查、极性检查和目测检查，并排除相应故障。

5. 能按相关技术指标要求，通电检查所安装设备的所有功能，以确保装置的正确运行。

6. 能在作业过程中严格执行企业操作规范、安全生产制度、环保管理制度以及6S管理规定，严格遵守从业人员的职业道德，具有吃苦耐劳、爱岗敬业的工作态度，精益求精的质量管控意识和职业责任感。

7. 作业完毕后，能按车间现场6S管理和产品工艺流程的要求，清点、整理工具，收集剩余材料，清理工程垃圾，拆除防护措施，整理现场。

建议学时：42学时

学习过程

一、现场施工准备

回顾前面任务的施工过程，在施工开始前，应做哪些准备工作和安全防范措施?

二、电气元件安装

1．母排的加工与安装

（1）母排加工应符合工艺规定，按所需长度落料、钻孔，校准平直，清除毛刺。母排表面不应有明显的划痕、气孔、锤痕、凹坑起皮等缺陷。不涂漆的母排上要用________分色。

（2）查阅相关资料，简述母排安装的工艺要求。

2．其他材料的检查与加工、板内与柜门元件安装的方法及步骤与前面两个任务类似，可参照完成。

三、电气线路布设与接线

本任务电气线路布设与接线的方法及步骤与前面两个任务类似，可参照完成。对比前面两个任务，将本任务方法及步骤的不同点简要记录下来。

四、固定安装板，粘贴标签与标牌框，清理柜内

参照前面两个任务的方法及步骤，完成相关操作。

五、回顾、思考，总结问题

在整个安装过程中遇到过什么问题？是如何解决的？ 在表 3-3-1 中记录下来。

表 3-3-1　　安装过程中遇到的问题和解决方法

所遇问题	解决方法

六、安全测试与通电调试

1．施工完毕，先进行直观检查，然后进行安全测试。闭合开关，装入信号回路熔断器，利用万用表实际测量每相导线进出点、N 线进出点的通断情况和二次回路引出点与元件接入点间的通断情况，将测量结果填入表 3-3-2 中。

表 3-3-2　　　　　　　　　　线路导通情况记录表

测量位置	线路状态（正常 / 不正常）	解决措施

2．在世界技能大赛“电气装置”项目中，接地连续电阻是一个重要的评价指标，按照技术文件，主接地端和装置上所需接地的任意一点之间的接地连续电阻不能超过 0.5 Ω。实际测量地排与 SPD 接地端、电流互感器二次接地端、箱体、箱门间的接地连续电阻情况，将测量结果填入表 3-3-3 中。

表 3-3-3　　箱内接地情况记录表

测量位置	实际测量值 /Ω	理论值 /Ω	状态（正常 / 不正常）	解决措施
		≤ 0.5		
		≤ 0.5		
		≤ 0.5		
		≤ 0.5		
		≤ 0.5		
		≤ 0.5		

3．检查设备的相间和相对地的绝缘电阻是否合格，包括：在开关断开时，同极的每个开关的进线端及出线端之间；在开关闭合时，不同极的带电部件之间和一、二次回路之间；在开关闭合时，一、二次回路相线与零线、地线、金属外壳之间。世赛相关技术文件要求："任意带电导体与任意接地导体之间的最小电阻不能小于 1 MΩ，使用绝缘电阻测试仪，用 500 V 直流电压进行测试。"利用兆欧表进行实际测量，并将测量结果填入表 3-3-4 中。

表 3-3-4　　绝缘电阻情况记录表

测量位置	所涉及开关文字符号	开关状态（闭合 / 断开）	实际测量值 / MΩ	理论值 / MΩ	线路状态（正常 / 不正常）	解决措施
				≥ 1		
				≥ 1		
				≥ 1		
				≥ 1		
				≥ 1		
				≥ 1		
				≥ 1		
				≥ 1		
				≥ 1		
				≥ 1		

续表

测量位置	所涉及开关文字符号	开关状态（闭合/断开）	实际测量值/MΩ	理论值/MΩ	线路状态（正常/不正常）	解决措施
				≥ 1		
				≥ 1		
				≥ 1		
				≥ 1		
				≥ 1		
				≥ 1		
				≥ 1		
				≥ 1		
				≥ 1		

4．断电测试无误后，经教师同意，可进行通电调试。按要求进行通电调试，并将结果填入表 3-3-5 中。注意初次通电检查时不要同时闭合两个及两个以上回路。

表 3-3-5　　通电调试情况记录表

测试项目	测试结果（正常/不正常）	故障现象	故障原因	检修过程
按顺序闭合断路器，查看断路器在带电状态下分合动作是否运动灵活				
按顺序闭合断路器，查看电源指示及相序是否正确				
按顺序闭合断路器，查看电压是否正确，查看各相电压测量是否正常				
按顺序闭合断路器并连接试验电动机时，查看电路功能是否正常，查看各相电流测量是否正常，并与试验电动机额定数据进行比对				
按顺序闭合断路器并连接试验电动机时，查看电能表工作是否正常				

续表

测试项目	测试结果（正常 / 不正常）	故障现象	故障原因	检修过程
对各开关连续合闸与分闸 5 次，查看开关的响应是否正常				
在开关合闸状态下，检验漏电试验时开关是否能顺利跳闸				

七、连接进出线缆，清理现场并交验

1．施工完毕后，应进行现场清理，并按照工作任务联系单要求交付验收负责人验收，填写表 3-3-6 所示项目验收评价表，并补全学习活动 1 中工作任务联系单的相关内容。

表 3-3-6　　项目验收评价表

项目	验收评价意见		
	合格	不合格	存在的问题
电气元件的选择			
电工材料的选择与加工			
电工工具和防护措施的选择			
布局、尺寸与原理的按图施工情况			
电气元件安装工艺情况			
电气线路布设工艺情况			
标签和标牌框的粘贴工艺情况			
安全测试的情况			
通电调试的情况			

2．验收负责人还提出了哪些意见或建议？你是如何回答的？

学习活动 4　工作总结与评价

学习目标

1. 施工项目验收后，能以小组形式，积极主动地展示和汇报工作成果。

2. 能完成对学习过程的综合评价。

建议学时：4 学时

学习过程

一、工作总结

以小组为单位，选择演示文稿、展板、海报、录像等形式中的一种或几种，向全班展示、汇报学习成果。

二、综合评价

以小组为单位，展示本组成果。根据表 3-4-1 中评分标准进行评分。

表 3-4-1　评分标准

序号	项目	配分	技术要求与评分标准	现场记录与评分			
				现场记录	自我评价	小组评价	教师评价
1	健康与安全（7 分）	2	施工过程中正确设置相应的安全标志，正确穿戴工作服等安全防护用品，无违反健康与安全要求的行为。每违反一项，扣 0.5 分				
		1	施工过程中及施工结束后始终保持场地整洁。每出现一处不符合要求，扣 0.5 分				
		2	电能表、浪涌保护器、二次回路、箱体、柜门等设备正确接地，通过地排进出。每出现一项错误，扣 0.5 分				
		2	需要接入中性线的电气元件正确接零，通过零排进出。每出现一项错误，扣 0.5 分				

续表

序号	项目	配分	技术要求与评分标准	现场记录与评分			
				现场记录	自我评价	小组评价	教师评价
2	安全测试（7分）	3	正确测试各接地连续电阻且方法正确。每出现一项错误，扣1分				
		3	正确测试各绝缘电阻且方法正确。每出现一项错误，扣1分				
		1	正确填写安全测试报告。每出现一项错误，扣0.5分				
3	通电调试（21分）	3	通电调试操作方法正确。错误，不得分				
		18	通电调试成功且功能正确，无须再次通电，得满分 第二次通电调试成功且功能正确，得9分 第二次通电调试未成功或功能不正确，不得分				
4	电路设计（13分）	1	电气元件布局正确、有序。有安全隐患，不得分				
		2	断路器容量与型号选用正确。每出现一项错误，扣1分				
		2	一次回路除断路器外的电气元件的容量与型号选用正确。每出现一项错误，扣0.5分				
		2	二次回路的电气元件的容量与型号选用正确。每出现一项错误，扣0.5分				
		2	一次回路导线颜色和规格选用正确。每出现一项错误，扣0.5分				
		2	二次回路导线颜色和规格选用正确。每出现一项错误，扣0.5分				
		2	零线和地线导线颜色和规格选用正确。每出现一项错误，不得分				
5	尺寸测量（5分）	0.5	按图施工，横梁的安装尺寸测量正确。每处误差超过5 mm，扣0.1分				
		1	按图施工，电气元件导轨的安装孔尺寸测量正确。每处误差超过5 mm，扣0.5分				
		3.5	按图施工，电气元件的安装尺寸测量正确。每处误差超过5 mm，扣0.5分				
6	元件与设备的安装（20分）	18	所有电气元件与电气材料固定牢固，无晃动和移动，线槽盖板安装完好。每出现一处不符合要求，扣2分				
		2	元件标签、标牌框与安全标志正确齐全。每出现一处不符合要求，扣0.5分				

续表

序号	项目	配分	技术要求与评分标准	现场记录与评分			
				现场记录	自我评价	小组评价	教师评价
7	布线与终端（22分）	2	整体布线布局合理，整齐、美观，走线成束，线束弯曲半径均匀，满足明敷、捆扎和线槽敷设工艺要求。每出现一处不符合要求，扣1分				
		10	所有导线正确终止，无松动与漏铜，导线外表无伤痕。每出现一处不符合要求，扣2分				
		2	母排与母排的连接、绝缘导线与母排的连接符合工艺要求，每出现一处不符合要求，扣0.5分				
		1	绑扎带绑扎正确，使用合理，切断后不割手且留余，并小于1 mm。每出现一处不符合要求，扣0.5分				
		2	线槽内导线余量适中，无打结、缠绕、接头现象。每出现一处不符合要求，扣0.5分				
		1	缠绕管敷线应满足工艺要求，不得过分扭曲，线束弯曲半径不得小于线束外径的两倍。每出现一处不符合要求，扣0.5分				
		2	所有终端号码管齐全。每出现一处不符合要求，扣0.2分				
		1	导线不能交叉进入元件，导线弯曲半径均匀。每出现一处不符合要求，扣0.5分				
		1	进出电缆的连接和敷设符合工艺要求。每出现一处不符合要求，扣0.5分				
8	电气材料加工工艺（5分）	1	电气材料的钻孔、攻螺纹符合工艺要求。每出现一处不符合要求，扣0.5分				
		2	母排的落料、弯折、打孔符合工艺要求。每出现一处不符合要求，扣0.5分				
		1	导轨的落料符合工艺要求，无毛刺。每出现一处不符合要求，扣0.5分				
		1	线槽的加工符合工艺要求，连接整齐、拼接无缝隙、光滑无毛刺。每出现一处不符合要求，扣0.5分				
总配分		100	总得分	/			

世赛知识

世界技能标准规范（以“工业控制”项目为例）

对于“工业控制”项目，世界技能标准规范（WSSS）规定了工业控制技术和职业最高国际水平所需的知识、理解力和具体技能，反映了全球范围内对于该项工作的理解。技能竞赛的目的是展现世界技能标准规范（WSSS）所述的本项技能在世界上的最高水平。因此该标准规范就是世界技能大赛备赛和培训的指导。

一、工作组织和管理

1．要求参赛选手需要知道和理解的信息

（1）健康和安全规范，尤其是涉及危险的工作环境、工作场所和操作背景。

（2）发生变动情况下的安全操作。

（3）有关厂房设备、设施的安全要求。

（4）相关行业下安全完整性等级及应用。

（5）工地入职安全教育的重要性。

（6）对自己和他人有保护作用的设备的安全范围及其在不同行业的应用。

（7）可能遇到危险的类型。

（8）有效沟通和人际交往的重要性。

2．要求参赛选手能够做到的方面

（1）在所有工作环境下不断提高和服从健康及安全规范，达到行业最佳操作水平。

（2）正确使用所有安全设备、个人防护设备、关闭系统和报警指示灯。

（3）识别危险和潜在危险的工作状况，采取正确措施，将自己和他人所面临的危险降到最小程度。

（4）作为团队的一员有效地工作。

（5）和操作间主管以及设备运行场所的所有专业人员有效沟通。

（6）向可能不具备专业知识的同事解释复杂的机械和工程项目。

（7）就设备的使用、保养和维护提供专业性的意见和指导。

（8）思维符合逻辑，操作有系统性。

二、现场安装工艺及其功能实现

1．要求参赛选手需要知道和理解的信息

（1）现场部件安装方面的问题和解决办法。

（2）技术图纸、安装平面图、控制面板、电路图和流程图的原理。

（3）所有现场安装中所使用部件的原理和功能。

（4）在现场安装中正确测量和计算的重要性。

2. 要求参赛选手能够做到的方面

（1）测量和计算零部件安装的正确位置。

（2）在允许极限范围内准备和安装电线管道。按图纸要求对元器件和电缆加上标签。

（3）对导管、电气元件、设备、仪器仪表和控制中心进行安全、可靠、有效的安装。

（4）连接电缆、电线和通信设备等复杂的布线系统安全、可靠、有效、美观。

（5）使用锯、钻等方式加工金属和塑料材料并去除毛刺。

（6）在要求的时间内有效地计划工作。

（7）在不对自身或周围其他人造成危险的情况下，安全有效地使用所有工具。

三、线路测试和检查

1. 要求参赛选手需要知道和理解的信息

（1）电气安全知识。

（2）仪器仪表使用。

（3）控制系统正确的操作技术。

2. 要求参赛选手能够做到的方面

（1）使用仪表对不同电量进行测量。

（2）应用电气安全标准。

（3）测试和调试安装设备。

（4）故障的判断及其排除。

（5）完成所有安装后提交测试报告。

四、编程

1. 要求参赛选手需要知道和理解的信息

（1）技术说明和图表中的原理。

（2）在工业控制中所涉及的控制电动机、阀门和其他设备。

（3）与可编程控制器（PLC）、工业网络交互信息的人机界面（HMI），以及基于计算机的可视化编程环境。

（4）在行业内被接受的设备的使用，例如 PLC、HMI、变频器（VFD/VSD）以及分布式 I/O。

（5）分布式 I/O 和工业总线技术。

（6）国际电工技术委员会（IEC）的编程规范（IEC 61131-3）。

2. 要求参赛选手能够做到的方面

（1）根据任务书和图纸编程。

（2）根据任务书和图纸配置人机界面屏幕。

（3）按照功能描述中的要求设置变频器。

（4）全面、安全地测试各项功能。

（5）向专家演示功能。

（6）符合国际电工技术委员会（IEC）的编程规范。

五、制作自动控制面板 / 中心

1．要求参赛选手需要知道和理解的信息

（1）技术说明和图表中所使用的术语和符号。

（2）技术图纸、电路图、平面图、布局图、功能描述和端子图。

（3）操作手册的使用。

2．要求参赛选手能够做到的方面

（1）读懂、理解并解释复杂的技术图纸，如电路图、布局图、功能描述和端子图。

（2）将技术说明中的信息有效应用到工作规划和解决工程与操作方面的问题中去。

（3）安装管道和端子，按照图纸在给定的极限范围内安装面板组件并连接线路。

（4）按照每张图纸上的标示在所有组件和线缆上加上标签。

（5）根据说明书完成面板的安装操作。

（6）解释操作手册的内容并遵守其中技术要求。

六、电路设计和改进

1．要求参赛选手需要知道和理解的信息

（1）技术说明图表中的原理。

（2）专业的技术术语和符号。

（3）继电器 / 接触器电路、电动 / 气动控制的原理。

2．要求参赛选手能够做到的方面

（1）读懂、解释并根据功能描述在模拟软件上进行设计。

（2）针对电路设计提出改进修改。

（3）按照技术规范（DIN ISO 1219）设计电路。

七、电气装置故障检测与定位

1．要求参赛选手需要知道和理解的信息

（1）查找过程中的安全隐患。

（2）书面说明、技术图纸和线路图的原理。

（3）电路图中的组件和符号。

（4）继电器控制设备故障定位的原理。

（5）工业继电器、接触器控制电路的原理和功能。

（6）故障检测的原理及其功能。

（7）现场总线诊断的原则。

2．要求参赛选手能够做到的方面

（1）遵守各项安全提示。

（2）读懂、理解并解释书面说明书和图示，理解所有技术符号。

（3）利用故障查找的正确原则。

（4）回避故障查找的不正确原则。

（5）使用正确的故障查找原则。

（6）使用工具和图纸准备定位故障。